essentials

essentials liefern aktuelles Wissen in konzentrierter Form. Die Essenz dessen, worauf es als „State-of-the-Art" in der gegenwärtigen Fachdiskussion oder in der Praxis ankommt. *essentials* informieren schnell, unkompliziert und verständlich

- als Einführung in ein aktuelles Thema aus Ihrem Fachgebiet
- als Einstieg in ein für Sie noch unbekanntes Themenfeld
- als Einblick, um zum Thema mitreden zu können

Die Bücher in elektronischer und gedruckter Form bringen das Expertenwissen von Springer-Fachautoren kompakt zur Darstellung. Sie sind besonders für die Nutzung als eBook auf Tablet-PCs, eBook-Readern und Smartphones geeignet. *essentials:* Wissensbausteine aus den Wirtschafts-, Sozial- und Geisteswissenschaften, aus Technik und Naturwissenschaften sowie aus Medizin, Psychologie und Gesundheitsberufen. Von renommierten Autoren aller Springer-Verlagsmarken.

Weitere Bände in der Reihe http://www.springer.com/series/13088

Patric U. B. Vogel

Qualitätskontrolle von Impfstoffen

Patric U. B. Vogel
Cuxhaven, Deutschland

ISSN 2197-6708 ISSN 2197-6716 (electronic)
essentials
ISBN 978-3-658-31864-2 ISBN 978-3-658-31865-9 (eBook)
https://doi.org/10.1007/978-3-658-31865-9

Die Deutsche Nationalbibliothek verzeichnet diese Publikation in der Deutschen Nationalbibliografie; detaillierte bibliografische Daten sind im Internet über http://dnb.d-nb.de abrufbar.

Planung/Lektorat: Stefanie Wolf
Springer Spektrum ist ein Imprint der eingetragenen Gesellschaft Springer Fachmedien Wiesbaden GmbH und ist ein Teil von Springer Nature.
Die Anschrift der Gesellschaft ist: Abraham-Lincoln-Str. 46, 65189 Wiesbaden, Germany

Was Sie in diesem *essential* finden können:

- Eine Einführung in die Qualitätskontrolle von Impfstoffen
- Die Darstellung der verschiedenen Aufgaben der Qualitätskontrolle
- Eine Übersicht über die analytischen Prüfungen, die erfolgen, um die Qualität von Impfstoffen bewerten zu können
- Die Darstellung wie die Haltbarkeit von Impfstoffen ermittelt wird
- Beispiele, warum trotz erfolgreicher Qualitätskontrolle Mängel bei Impfstoffen auftreten können

Inhaltsverzeichnis

1 Einleitung

Impfstoffe sind Arzneimittel, die auch je nach Einteilung in die Gruppen Biologika, Biopharmazeutika oder immunologische Arzneimittel fallen. Impfstoffe zählen mit zu den größten Errungenschaften der modernen Medizin. Durch den weltweiten Einsatz von Impfstoffen werden jährlich Millionen Todesfälle aufgrund von Infektionskrankheiten verhindert (CDC 2014). Impfstoffe gehören bereits seit Jahrzehnten zu unserer medizinischen Grundversorgung und müssen hohe Qualitätsstandards erfüllen, da die **Patientensicherheit** oberste Priorität hat. Die Herstellung und Prüfung von Impfstoffen erfolgt in pharmazeutischen Unternehmen, die nach den Grundsätzen der **guten Herstellungspraxis** (engl. Good Manufacturing Practice, **GMP**) arbeiten. Die Grundsätze von GMP basieren in Europa auf sog. „Direktiven" der Europäischen Union und sind in nationalen Gesetzen verankert. Dazu werden von verschiedenen Behörden sog. Richtlinien veröffentlicht. Das im europäischen Raum wichtigste Regelwerk hierzu ist der EU GMP-Leitfaden (EudraLex 2014). Dieser umfassende, wenngleich allgemein gehaltene, Leitfaden definiert die minimalen GMP-Anforderungen für verschiedene Bereiche des pharmazeutischen Betriebs. Er stellt somit ein Grundgerüst dar, quasi ein Korsett, um europaweit für alle Hersteller die gleichen standardisierten Qualitätsanforderungen zu schaffen.

Aufgrund der Vielzahl der denkbaren Arzneimittel und der Verschiedenheit ihrer Herstellung, darf der EU **GMP**-Leitfaden nicht zu detailliert sein. Dies schafft Spielraum für Interpretation und die Möglichkeit, die Anforderungen auf verschiedensten Wegen umzusetzen. Diese Natur gibt aber auch die Möglichkeit, dass einige Firmen bestimmte Themen nur stiefmütterlich behandeln, da alles was man macht, Zeit kostet und deshalb viele Dinge unliebsam sind oder besser, weniger wichtig erscheinen. Diese Mängel bleiben aber gewöhnlich nicht lange verborgen. Es gibt in regelmäßigen Abständen sog. GMP-Regelinspektionen.

P. U. B. Vogel, *Qualitätskontrolle von Impfstoffen*, essentials,
https://doi.org/10.1007/978-3-658-31865-9_1

Hierbei kommen behördliche Vertreter in die Firma und überprüfen die **GMP-Konformität.** Dabei wird geprüft, ob die individuelle Umsetzung der verschiedenen Anforderungen ausreichend ist. Werden Mängel festgestellt, muss der Hersteller diese in einer gewissen Frist abstellen. Diese externe Überprüfung trägt zu einer kontinuierlichen Verbesserung der Abläufe bei.

Wenn es um die Qualität von Impfstoffen geht, gibt es aus Patientensicht zwei besondere Aspekte, die am wichtigsten sind. Der Patient wünscht sich, nicht durch den Impfstoff geschädigt zu werden und letztlich soll der Impfstoff uns vor einer späteren Erkrankung schützen. Der erste Punkt wird im Fachjargon **Patientensicherheit,** der zweite als **Produktqualität** bezeichnet, wobei diese Begriffe nicht klar voneinander getrennt werden können und teilweise Überschneidungen haben. Zum Beispiel kann ein Produkt, dass mit Bakterien kontaminiert ist, beim Patienten eine Infektion auslösen, ist also nicht sicher, weist aber auch nicht die erforderliche Qualität auf. Der hohe Sicherheitsanspruch kommt aber nicht aus dem Nichts. Impfstoffe sind dahin gehend besonders, da sie im Gegensatz zu therapeutischen Mitteln regelmäßig an gesunden Personen eingesetzt werden (Pfleiderer und Wichmann 2015).

Wie wichtig diese Anforderungen, Regularien und die behördlichen Kontrollen sind, lässt sich anhand der Historie der Anwendung von Impfstoffen verdeutlichen. Die Regularien haben sich vor allem ab den 1950er Jahren nach und nach entwickelt (Sánchez-Sampedro et al. 2015). In dieser Zeit und davor war es dem Hersteller überlassen, die Qualität seiner Produkte sicherzustellen. Hierdurch kam es z. T. zu Impfschäden von erheblichem Ausmaß. Einer der schlimmsten Vorfälle bei der Anwendung von Impfstoffen war der sog. **„Cutter Vorfall"** im Jahre 1955. Hierbei wurden aufgrund eines nicht vollständig inaktivierten Polio-Impfstoffs ungefähr 40.000 Kinder mit Poliomyelitis infiziert, u. a. mit vielen Fällen von dauerhafter Paralyse und einigen Todesfällen (Miller et al. 2015). Dieses Ausmaß an Impfschäden ist heutzutage aufgrund der hohen Regulation und Kontrolle nur noch schwer vorstellbar. Trotzdem gibt es immer wieder Vorfälle, in denen Qualitätsmängel erst nach Auslieferung oder Einsatz erkannt werden bzw. Impfschäden verursachen (siehe Kap. 7).

Impfstoffe werden in definierten **Chargen** (bestimmte Anzahl von Endbehältnissen, die in einem Verarbeitungsgang hergestellt werden) nach festgelegten Prozeduren hergestellt, geprüft und freigegeben. Die Bewertung der Qualität jeder Charge erfolgt durch eine im Rahmen der Zulassung festgelegte Anzahl von analytischen Prüfungen, die verschiedene Eigenschaften des Impfstoffs überprüfen. Hierzu zählen z. B. Analysemethoden zur Bestimmung der **Wirksamkeit, Sicherheit** und **Reinheit.** Diese Prüfungen erfolgen in Laboren der Qualitätskontrolle. Ein Impfstoff auf Basis von abgeschwächten Lebendviren

(Lebendimpfstoff) erfordert für bestimmte Eigenschaften andere Prüfungen als ein Impfstoff auf Basis eines einzelnen Proteins oder von DNA-Molekülen. Der Gesamtumfang der Prüfungen wird neben anderen Faktoren zur Bewertung herangezogen, ob die gefertigte Charge für die Anwendung am Menschen oder Tier freigegeben und vermarktet werden kann.

Die **Qualitätskontrolle** nimmt jedoch eine deutlich komplexere Rolle ein als „nur" Prüfungen am Endprodukt durchzuführen, und ist mit allen qualitätsrelevanten Abläufen im Betrieb eng vernetzt. Die Aufgaben und minimalen Anforderungen an die Qualitätskontrolle sind u. a. in Kap. 6 des EU GMP-Leitfadens aufgelistet (EudraLex 2014). In vielen pharmazeutischen Betrieben ist die Qualitätskontrolle eine organisatorisch eigenständige Gruppe, sollte jedoch zumindest unabhängig von der Produktion sein. Die Kernaufgaben umfassen:

- Probennahme von Ausgangsstoffen, In-Prozess-Kontrollen und Endprodukten
- Erstellung von Spezifikationen für Ausgangsstoffe und Produkte
- Freigabe von Material nach Prüfung und Bewertung
- Analytische Prüfungen
- Stabilitätsstudien zur Ermittlung und Überprüfung der Haltbarkeit der Produkte
- Dokumentation und Analyse von nicht-spezifikationskonformen Ergebnissen
- Verwaltung von Rückstellmustern und Referenzproben

Spezifikationen und Probenahme 2

2.1 Spezifikationen

Eine der Aufgaben der **Qualitätskontrolle** ist die Erstellung von **Spezifikationen.** Bei der Herstellung und Prüfung von Impfstoffen werden Materialien benötigt. Eine Spezifikation ist ein Dokument, dass die Bewertung der Qualität dieser Materialien festlegt (Blasius 2014). Das ist vergleichbar mit einer persönlichen Wunschliste für den nächsten Autokauf. Man wünscht sich eine bestimmte Automarke, Farbe, Ausstattung, Motorleistung etc. Beim persönlichen Autokauf neigen einige dazu, gewisse Einschränkungen zu akzeptieren, sofern man nicht sein absolutes Traumauto findet. Im **GMP-Betrieb** gibt es einen wichtigen Unterschied, die Anforderungen sind keine Wünsche, sondern MUSS-Forderungen. Diese werden in „Stein gemeißelt", indem sie in einem Dokument, der Spezifikation, niedergeschrieben werden.

Nehmen wir uns ein einfaches Beispiel. Natriumchlorid (NaCl) ist ein Salz, dass häufig in wässrigen Pufferlösungen verwendet wird. Wenn wir z. B. ein Protein mittels biotechnologischer Verfahren herstellen, dass als **Impfstoff** eingesetzt werden soll, könnte dieser NaCl-Puffer (mit weiteren Zusätzen) dazu dienen, um das Protein auf eine bestimmte Konzentration einzustellen (zu verdünnen). D. h. Natriumchlorid ist in diesem Fall für uns ein Ausgangsstoff, den wir benötigen, um unser Produkt herzustellen. Sofern der eine oder andere Leser Erfahrung in einem normalen, z. B. akademischem, Laborbetrieb hat, kennt er sicherlich auch die Praxis, dass man häufig Substanzen bestellt, die dann geliefert werden und, direkt oder nach Lagerung, für Versuche eingesetzt werden. Hierbei wird blind auf die Qualität vertraut. Im **GMP-Betrieb** gilt jedoch der Grundsatz „Vertrauen ist gut, Kontrolle ist besser". D. h. die gelieferte Ware wird nicht einfach ins Lager gestellt und dann später für die Herstellung verwendet.

P. U. B. Vogel, *Qualitätskontrolle von Impfstoffen,* essentials,
https://doi.org/10.1007/978-3-658-31865-9_2

Dieses Material muss den Anforderungen entsprechen, die man in der **Spezifikation** festgehalten hat. Anhand der Spezifikation ist nun bei einer Lieferung des Salzes definiert, dass Proben gezogen (kleine Mengen in andere Behältnisse zu Lagerungs- und Testzwecken umgefüllt) werden, wie dies zu erfolgen hat und welche Prüfungen durchgeführt werden müssen. Anhand dieser Vorgaben wird der Ausgangsstoff überprüft, alles genau dokumentiert und, sofern die Anforderungen erfüllt sind, erfolgt die Freigabe durch autorisiertes Personal. Die Freigabe wird durch ein Etikett auf dem Behältnis kenntlich gemacht und bedeutet, dass der Ausgangsstoff durch Produktionspersonal für die Herstellung verwendet werden darf (Abb. 2.1).

Beim Autokauf waren die Eigenschaften wie Farbe oder Motorleistung für uns persönlich Qualitätsfaktoren, jedoch ist dies nicht standardisiert. Dem einem mag die Motorleistung sehr wichtig sein, dem anderen ist sie weniger wichtig. Im Gegensatz hierzu sind die Anforderungen für Ausgangstoffe meist standardisiert, d. h. die zuständigen Mitarbeiter müssen sich nicht selbst den „Kopf zerbrechen", was z. B. bei Natriumchlorid wichtig ist. Die Anforderungen stehen im **europäischen Arzneibuch** (Ph. Eur. 2020). Das europäische Arzneibuch (ab jetzt Arzneibuch genannt) enthält einzelne Texte, sog. **Monographien,** u. a. für Ausgangsstoffe, die traditionell für die Herstellung von Arzneimitteln verwendet werden. Hierzu zählen einfache Substanzen wie Salze, z. B. Natriumchlorid, Kaliumchlorid, aber auch komplexere Substanzen. Es gibt mehrere Tausend solcher Monographien. Die Monographie definiert wiederum Mindestanforderungen (z. B. die Wertebereiche für bestimmte Eigenschaften wie den

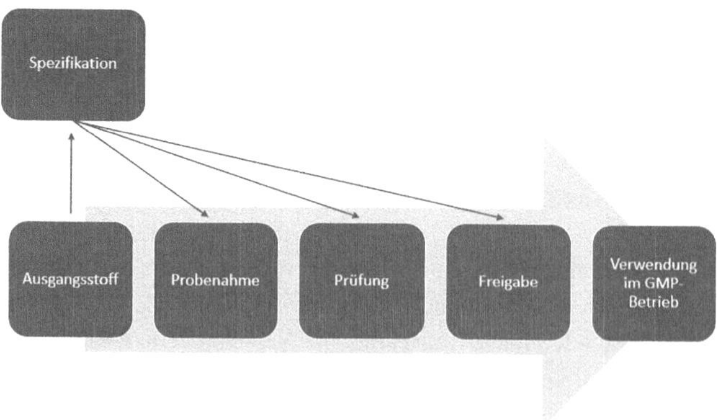

Abb. 2.1 Prozess der Überprüfung und Freigabe von Ausgangsstoffen. (Quelle: Erstellt von Patric Vogel)

Gehalt) und die Tests, mit denen die Substanz geprüft werden soll. Hierbei werden im Spezifikationsdokument des Impfstoffherstellers die Vorgaben aus dem Arzneibuch übernommen, ggfs. durch weitere Aspekte ergänzt und Tests sowie die Wertebereiche, die erfüllt sein müssen, festgelegt. Bei Lieferung dieses Ausgangsstoffs erfolgt die Probenahme und Prüfung wie in der Spezifikation beschrieben. Nach Empfang der Ware müssen aber nicht unbedingt umfangreiche eigene Prüfungen durchgeführt werden. Häufig führen die Hersteller der Ausgangsstoffe die geforderten Tests selbst in Übereinstimmung mit der Arzneibuch-Monographie durch und liefern ein sog. Analysenzertifikat mit. Dieses **Analysenzertifikat** (engl. Certificate of Analysis, CoA) ist ein Dokument, dass die durchgeführten Prüfungen und Ergebnisse auflistet und die Übereinstimmung mit der Spezifikation bewertet (GMP Navigator 2017). Die Voraussetzung hierfür ist jedoch, dass der Hersteller selbst vertrauenswürdig ist. Dies wird durch weitere, in diesem Buch nicht behandelte, Qualitätsverfahren sichergestellt. Der Impfstoffhersteller spart so viel Zeit und Kosten. Ein Test, der eigentlich immer durchgeführt wird, ist die Prüfung auf Identität mittels z. B. chemischer Analysemethoden, die z. B. Natriumchlorid eindeutig identifizieren und von anderen Salzen abgrenzen können (EudraLex 2014, Teil 1, Kapi. 5, Punkt 5.30).

Jetzt ist dies nur ein kleiner Auszug. In der Praxis ist dies deutlich komplexer. Neben wir als Beispiel die Herstellung eines Influenza-Impfstoffs für Menschen. In unserem hypothetischen Beispiel nehmen wir an, dass wir jede **Charge des Impfstoffs** in einigen Tausend Hühnereiern produzieren. Eine Charge ist die Gesamtheit aller Impf-Fläschchen (z. B. 50.000), die in einem Arbeitsgang hergestellt werden. Nach Fertigstellung laufen dann die Vorbereitung für die nächste Charge. Wir bekommen also eine Lieferung der Hühnereier. In diese wird unser Impfstamm gespritzt (siehe Abb. 2.1). Die Eier werden einige Tagen bei warmen Temperaturen inkubiert. In dieser Zeit vermehrt sich unser Impfstamm enorm und reichert sich in der Eiflüssigkeit an. Nach einigen Tagen Inkubation werden die Eier geöffnet und die Eiflüssigkeit entnommen, also „geerntet". Diese Flüssigkeit wird dann weiterverarbeitet, aber hier machen wir erst Mal Stopp. Die Herstellung eines Impfstoffs ist Aufgabe der Produktion, nicht der Qualitätskontrolle. Wie ist die Qualitätskontrolle hier involviert? Wir brauchen **Spezifikationen** für die Materialien.

Zunächst für unser kostbarstes Gut, den Impfstamm. Dieser ist die Basis unseres Produkts. Der Impfstamm, das sog. Saatmaterial, ist in einem langen Prozess (meist mehrere Jahre) entwickelt worden, z. B. aus einem pathogenen Virusisolat (also einem Virus, der Menschen krank gemacht hat), dass durch gentechnische Verfahren abgeschwächt wurde. Für jede Chargenproduktion brauchen wir eine bestimmte Menge hiervon. Dieses Saatmaterial wird z. B. mit flüssigen

Pufferlösungen verdünnt und dann eine kleine Menge dieser Lösung in jedes der Eier gespritzt. In der Spezifikation des Saatmaterials muss festgehalten werden, was es ist, wie es gelagert wird und ob in bestimmten Zeitabständen bestimmte Eigenschaften überprüft werden müssen.

Welche noch? Alle Materialien in Abb. 2.2 und sogar mehr. Die Spritze enthält eine gefärbte Lösung. Diese enthält neben unserem Impfstamm auch eine Flüssigkeit. Zum Beispiel wird hierfür häufig eine phosphatgepufferte Salzlösung (PBS vom englischen phosphate buffered saline) genannt, eingesetzt. Dieses PBS enthält diverse Salze, wie z. B. Natriumchlorid und Kaliumchlorid. Wenn die PBS-Pufferlösung fertig gekauft wird, benötigen wir eine Spezifikation hierfür. Der Puffer muss eine genau definierte Zusammensetzung haben (Salze in bestimmten Mengen) und z. B. frei von Mikroorganismen sein. Sofern wir den Puffer nicht fertig kaufen, sondern selbst herstellen, wird es sogar noch komplizierter. Wir müssen dann alle Salze selbst bestellen, die als Pulver geliefert werden. Für jedes Salz und auch das Wasser, in dem die Salze gelöst werden, brauchen wir eine **Spezifikation,** die definiert, welche Anforderungen das Material zu erfüllen hat. Nach Probenahme, Prüfung und Freigabe können wir beginnen, diese Komponenten zu einem Puffer zu verarbeiten. Dieser angesetzte

Abb. 2.2 Schematische Darstellung des Starts einer Chargenproduktion eines Influenza-Impfstoffs unter Verwendung von Eiern. (Quelle: Adobe Stock, Dateinr.: 77152659; Lizenziert (Standardlizenz) von Patric Vogel)

Puffer hat wiederum eine eigene Spezifikation und muss daher ebenfalls beprobt, geprüft und freigegeben werden. Dies ist eine Absicherung, da beim Ansetzen selbst wieder Fehler auftreten können.

Auch die Eier in Abb. 2.2 sind ein **Ausgangsstoff,** da wir sie benutzen, um unseren fertigen Impfstamm zu vermehren. Für die Produktion von Impfstoffen kann man nicht irgendwelche Eier verwenden, da diese z. B. mit anderen Viren kontaminiert sein könnten. Hierfür nimmt man besondere, sog. SPF-Eier. SPF ist die Abkürzung für die englische Bezeichnung Specific-Pathogen-free, also frei von bestimmten Krankheitserregern. Die Herstellung dieser Eier ist sehr aufwendig und erfolgt in spezialisierten Betrieben. Daneben müssen auch für alle anderen verwendeten Materialien Spezifikationen existieren, also z. B. die Plastikspritze und die Kanüle (selbst die Handschuhe) in Abb. 2.2.

Neben Ausgangsstoffen gibt es auch **Spezifikationen** für Zwischenstufen des Produkts und dem Endprodukt. Eine Zwischenstufe wäre die geerntete Eiflüssigkeit, bevor sie zum fertigen Impfstoff weiterverarbeitet wird. Zum Beispiel könnte hierfür eine Spezifikation bestehen, dass diese Eiflüssigkeit eine ausreichend hohe Anzahl von Viren, der sog. Virustiter, aufweist und z. B. keine Bakterien enthält. Diese Zwischenstufe wird dann auch beprobt, geprüft und, sofern die Virusmenge ausreicht und die Sterilität durch mikrobiologische Verfahren bestätigt ist, kann die Zwischenstufe für die weiteren Herstellungsschritte freigegeben werden. Für den fertigen Impfstoff, also das Endprodukt, gibt es wiederum eine Spezifikation. Diese basiert auch auf bestimmten **Arzneibuchmonographien,** die es für alle bewährten Impfstoffe gibt.

Hieraus ergibt sich bereits ohne weitere Detailkenntnisse des pharmazeutischen Betriebs zu haben, dass die Verarbeitung von jeglichem Material im Herstellungsprozess ein schrittweiser Prozess, bei dem viele **Ausgangsstoffe** geprüft, freigegeben und weiterverarbeitet werden. Die Anzahl verschiedener Proben reduziert sich gewöhnlich mit fortschreitenden Herstellungsprozess (z. B. ist die Anzahl von Zwischenstufen üblicherweise geringer als die Anzahl der Ausgangsstoffe) und endet mit der Prüfung und Freigabe eines Produkts. Dies kann am besten durch eine Pyramide dargestellt werden (siehe Abb. 2.3).

Daraus resultiert natürlich eine hohe Kontrolle und Sicherheit bei der Verwendung von Materialien zur Herstellung von Arzneimitteln. Der Herstellungsprozess folgt also nicht dem Prinzip „Ich gebe etwas hinein und überprüfe hintenraus, ob das Produkt gut ist“. Die **GMP-Regularien** konzentrieren sich in den letzten Jahren immer stärker darauf, dass die Qualität in das Produkt hineinentwickelt wird und diese schrittweise Abfolge von Prüfungen und Freigabe von Material ist nur ein kleines von vielen Elementen, die die **Qualität von Arzneimitteln,** und damit die **Patientensicherheit** sicherstellen sollen.

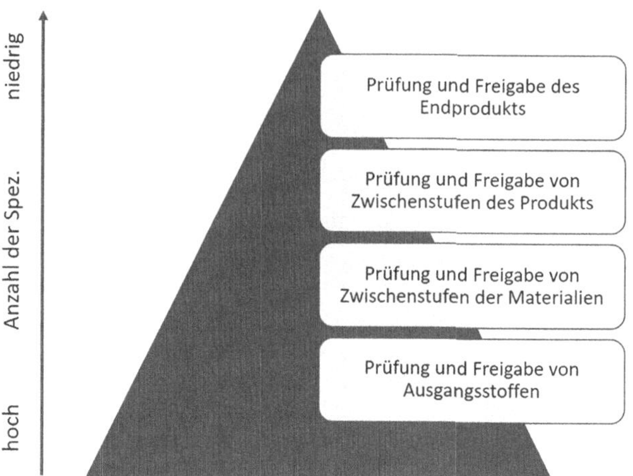

Abb. 2.3 Schrittweise Prüfung und Freigabe von Material und Zwischenstufen bis zur Freigabe des Endprodukts. (Quelle: Erstellt von Patric Vogel)

Neben diesen Proben für analytische Zwecke müssen von **Ausgangsstoffen** auch Proben gezogen werden, die viele Jahre gelagert werden müssen, sogar über die Haltbarkeit der hiermit gefertigten Impfstoffcharge hinaus. Warum? Beim Einsatz von Impfstoffen, wie bei anderen Arzneimitteln, kann es zu unerwarteten Reaktionen kommen. Nehmen wir an, die betreffende Charge wird gegen Ende der Laufzeit beim Arzt an Patienten verbreicht. Einige bekommen plötzlich allergische Reaktionen. Sofern dies auf den Impfstoff zurückgeführt werden kann, muss in der Folge die Ursache ermittelt werden. Man muss letztlich verhindern, dass dies erneut passiert. Und aus diesem Grund muss der Hersteller in der Lage sein, alle Stufen des Herstellungsprozesses nachträglich auf Fehler analysieren zu können. Es können hunderte Gründe infrage kommen. Zum Beispiel könnte die Innenseite der Abfüllanlage, mit der diese Charge in Fläschchen abgefüllt wurde, verunreinigt gewesen sein. Genauso kann es aber auch, dass diese Verunreinigung über einen der Ausgangsstoffe mit ins Produkt gelangt ist, da vielleicht der Lieferant dieses Ausgangsstoffs „geschlammt" hat. Die Qualität wird zwar überprüft, jedoch ist keine Prüfung vollständig. Also verbleibt ein Restrisiko und bei unerwarteten Problemen ermöglichen die Rückstellmuster eine Fehleranalyse.

2.2 Probenahme

Die **Probenahme** ist ein wichtiger Baustein des pharmazeutischen Herstellungsprozesses. An verschiedenen Stellen müssen Proben für weitere Analysen gezogen werden. Dies betrifft Ausgangsstoffe, In-Prozess-Kontrollen und Endprodukte. Warum ist die Probenahme so wichtig?

Der Herstellungsprozess enthält viele Punkte, an denen Proben gezogen werden. Bei mehreren Produktionslinien kommt hier täglich oder wöchentlich eine hohe Anzahl von Proben für analytische Prüfungen zustande. Diese müssen eindeutig identifizierbar sein. Ansonsten besteht das Risiko der Verwechslung oder einer mangelnden Zuordnung.

Wenn z. B. eine Probe für eine In-Prozess-Kontrolle falsch beschriftet wird, lässt sich im Nachhinein nicht mehr feststellen, zu welchem Herstellungsschritt diese gehört. Im Endeffekt würde das Ergebnis der In-Prozess-Kontrolle in den Aufzeichnungen zur Charge fehlen, hinterlässt somit eine Lücke in der Dokumentation.

Ein weiterer Punkt ist die Reinheit/Unversehrtheit des Materials. Es muss sowohl eine Kontamination des beprobten Materials während der Probenahme als auch eine Kontamination der Probe verhindern. Im ersten Fall würde ansonsten ein verunreinigter Ausgangsstoff in der Produktion eingesetzt werden. Im zweiten Fall würde eventuell die Analyse fehlschlagen und das beprobte Material gesperrt werden. Eine adäquate, präzise formulierte Probenahme ist von zentraler Bedeutung, Fehler zu vermeiden und zuverlässige Prozesse sicherzustellen. Jegliche Probenahme muss in schriftlichen Arbeitsanweisungen festgehalten werden, damit die mit dem Probenzug beauftragten Mitarbeiter ausreichend geschult werden können und Fehler vermieden werden.

Analytische Testung und Umgebung 3

3.1 Analytische Testung

Analytische Prüfungen bilden einen Schwerpunkt der Qualitätskontrolle. Hierzu zählen Prüfungen von.

- Ausgangsstoffen sowie z. B. aus mehreren Ausgangsstoffen hergestellte wässrige Lösungen
- In-Prozess-Kontrollen von Zwischenstufen (= Proben des in Verarbeitung befindlichen Impfstoffs, z. B. Proben der Virusernte eines Influenza-Impfstoffs nach Vermehrung in Eiern und Abnahme der Eiflüssigkeit)
- Endprodukttestungen (der in Fläschchen abgefüllte, verschlossene und etikettierte fertige Impfstoff)
- Stabilitätsuntersuchungen

Ausgangsstoffe sind häufig, wenngleich nicht immer, definierte chemische Verbindungen oder Komponenten. Zum Beispiel ist Natriumchlorid ein einfaches Salz, dass mit bewährten **Methoden der Chemie** analysiert werden kann. Deutlich schwieriger wird es jetzt bei den Hühnereiern, die ein komplexes biologisches System darstellen. Hier macht es natürlich keinen Sinn, die Zusammensetzung mit chemischen Methoden zu analysieren. Bei diesen Hühnereiern erfolgen stattdessen biologische Tests. Der Hersteller der Eier testet seine Bestände regelmäßig auf eine große Anzahl von Bakterien und Viren (diese Tests sind wiederum in einer Arzneibuchmonographie beschrieben), die in Eiern nicht vorhanden sein dürfen. D. h. hier ist die Zusammensetzung weniger wichtig, dafür die Abwesenheit von gefährlichen Krankheitserregern.

P. U. B. Vogel, *Qualitätskontrolle von Impfstoffen,* essentials,
https://doi.org/10.1007/978-3-658-31865-9_3

Die Frage, welche analytische Methoden zur Prüfung von **Zwischenprodukten** und **Endprodukten** zum Einsatz kommen, hängt ganz entscheidend von dem **Impfstofftyp** ab. Zum Beispiel ist der **Gehalt,** also die Menge, eine wichtige Eigenschaft. Im Rahmen der klinischen Studien vor der Zulassung wurde die Menge, die mind. im Impfstoff enthalten sein muss, um den Patienten zu schützen, ermittelt. Die Menge darf aber auch eine bestimmte Obergrenze nicht überschreiten, ansonsten könnten Nebenreaktionen die Folge sein. Der Gehalt jeder gefertigten Charge des Impfstoffs muss vor Freigabe für den Markt durch eine **analytische Prüfung** ermittelt werden.

Bei Lebendimpfstoffen und Vektorimpfstoffen handelt es sich um Impfstoffe, die sich vermehren können. Hier kommen häufig Zellkulturen zum Einsatz, um die Virusmenge zu bestimmen. Diese Methoden werden allgemein Virustitration genannt. Wir werden in Abschn. 4.2 ein konkretes Beispiel für eine Virustitration kennenlernen. Ein Impfstoff auf Basis von Proteinen kann natürlich nicht in Zellkulturen vermehrt werden, Proteine sind nicht vermehrungsfähige Biomoleküle. Hier kommen andere **bioanalytische Methoden** zum Einsatz, z. B. Verfahren, bei dem die Proteine durch spezifische Antikörper erkannt werden und eine Farbreaktion verursachen, wobei die Farbintensität die Menge an Proteine widerspiegelt. Ähnliche Verfahren können bei Inaktivat-Impfstoffen eingesetzt werden, die auch wiederum auf Virusteile, überwiegend Proteinen, bestehen. Hier kann es notwendig sein, die Virusproteine zunächst aus dem Impfstoff (häufig Ölbasis) herauszulösen, da dieser sehr zäh ist.

Bei den neuen Impfstofftypen wie mRNA können z. B. Chromatographie-Verfahren (chemisches Verfahren zur Stofftrennung) zur **Gehaltsbestimmung** eingesetzt werden. Es gibt aber meist nicht nur eine mögliche Gehaltsbestimmungsmethode, sondern mehrere mögliche, von denen der Hersteller die für sich beste Alternative aussucht. Zum Beispiel kann der Gehalt von mRNA-Impfstoffen auch mit Hilfe von bestimmten Fluoreszenzfarbstoffen bestimmt werden, die spezifisch an mRNA-Moleküle binden und deren Fluoreszenz, also Lichtbildung, mit Apparaturen gemessen werden kann (Poveda et al. 2019).

Das Herzstück einer analytischen Methode ist eine **Standard-Arbeitsanweisungen** (**SOP**) vorliegen. Dies ist ebenfalls ein schriftliches Dokument, dass Schritt für Schritt erklärt, was, wie und womit zu tun ist, um eine Prüfung durchzuführen. Das kann man vergleichen mit der Aufbauanleitung eines großen Wohnzimmerschranks. Nicht wenige sind bereits an ungenügenden Anleitungen gescheitert, da bestimmte Teile des Schranks entweder gleich aussehen oder bestimmte Arbeitsschritte in der Anleitung ausgelassen werden. Das darf im **GMP-Betrieb** nicht passieren. Die Arbeitsanweisung sollte so geschrieben sein, dass keine offenen Fragen bleiben und jede Person zum gleichen Ergebnis kommt. Analytische Methoden umfassen alle Schritte von der Probenahme,

Lagerung der Probe bis zur Analyse, Verwendung von Hilfsmitteln wie Pipetten und Geräten, bis zur abschließenden Auswertung bzw. Bewertung. Alle diese Punkte müssen präzise und klar beschrieben sein.

Ein wichtiger Aspekt ist, dass das durchführende Personal geschult sein muss. Die Schulung und **Qualifikation des Mitarbeiters** muss dokumentiert werden. Zum Beispiel muss es für Dritte wie Inspektoren, die in regelmäßigen Abständen die Einhaltung der **GMP-Richtlinien** überprüfen, nachvollziehbar sein, was getan wurde und warum der Mitarbeiter in der Lage war, die Methode ordnungsgemäß durchzuführen. Die Schulungssysteme verschiedener Firmen unterschieden sich zum Teil erheblich, müssen aber gewisse Mindestanforderungen erfüllen.

3.2 Qualifizierung und Validierung

Für die Durchführung von **analytischen Methoden** werden **Laborgeräte** benötigt. Es gibt eine Vielzahl von verschiedenen Laborgeräte und Laborbedarf, die für Qualitätskontrollversuche eingesetzt werden, z. B. Pipetten (um genaue Flüssigkeitsmengen überführen zu können), Schüttler (um Lösungen zu schütteln oder bei einer bestimmten Temperatur zu temperieren), Zentrifugen (Geräte, die Substanzen mit hoher Geschwindigkeit drehen, um eine Trennung zwischen Bestandteilen zu erreichen), Inkubatoren (für z. B. Zellkulturen oder Nährböden für den Nachweis von Mikroorganismen), aber auch z. B. chromatographische Anlagen (für die Trennung und den Nachweis von Molekültypen) oder Maschinen für die Polymerase-Kettenreaktion (PCR). Es können je nach Größe des **Qualitätskontrolllabors** dutzende oder hunderte Geräte vorhanden sein.

Für **Laborgeräte** gilt der gleiche Grundsatz wie für z. B. Ausgangsstoffe. Sie dürfen nicht ohne vorherige Überprüfung für Routine-Prüfungen an Impfstoffen eingesetzt werden. Die Dokumente, die im Zuge der Überprüfung erstellt werden, heißen aber nicht Spezifikationen, sondern Qualifizierungsunterlagen. Die **Qualifizierung** ist der Prozess, mit dem man die Eignung der Laborgeräte feststellt. Die Überprüfung kann je nach Gerät verschiedene Aspekte beinhalten. Neben Sicherheitsaspekten für das Personal, werden hier u. a. die Funktionen überprüft. Zum Beispiel bedeutet die Temperaturanzeige auf dem Display eines Geräts, dass bestimmte Probenröhrchen temperieren soll, nicht, dass das Gerät auch wirklich diese Temperatur einhält. Dies wird gewöhnlich durch zusätzliche geeichte Messinstrumente nachgewiesen, mit denen man z. B. die Temperatur des Blocks für die Probenröhrchen bei verschiedenen eingestellten Temperaturen überprüft. Es werden z. B. auch bei Geräten, die über einen Timer verfügen, geprüft, ob die Zeit richtig zählt. Bei Zentrifugen wäre ein wichtiger Aspekt, dass die eingestellte Drehgeschwindigkeit auch wirklich erreicht wird. All das sind Punkte, die gewöhnlich in einem nicht-regulierten Labor (z. B. universitäres Forschungslabor) vernachlässigt werden, da sie sehr kostspielig sind. Wer lässt schon regelmäßig einen Inkubator daraufhin überprüfen, ob der Innenraum wirklich auf 37 °C temperiert ist? Im Grunde genommen vertrauen wir im Alltag sehr häufig blind auf Anzeigen von Geräten. Hierzu zählt die Uhr am Leuchtschild einer Apotheke, die eingestellte Ofentemperatur beim Backen, die Geschwindigkeitsanzeige beim Autofahren usw. Im GMP-Labor gilt aber auch hier der Grundsatz „Vertrauen ist gut, Kontrolle ist besser". Ähnlich wie Ausgangstoffe, die geprüft und freigegeben werden, werden auch Laborgeräte für die Nutzung freigegeben (z. B. mit einem Etikett), sodass z. B. das Laborpersonal sofort erkennen kann, dass dieses Gerät verwendet werden darf.

Für die **Qualifizierung** von Geräten gibt es keine Arzneibuch-Monographie. Das ist auch bei der unüberschaubaren Flut an Laborgeräten, die sich auf dem Markt befinden sowie ihrer Kurzlebigkeit kein Wunder. Trotzdem sind die Eckpunkte, also die minimalen Anforderungen, einer Qualifizierung in Richtlinien festgehalten. Im europäischen Raum gibt es eine Anlage zum GMP-Leitfaden, genannt Annex 15 mit dem Titel Qualifizierung und Validierung. Eine Qualifizierung besteht gewöhnlich aus aufeinanderfolgenden Schritten, die etwas kryptische Bezeichnungen tragen (Elroy 2018):

- Designqualifizierung (DQ) Festlegung von Anforderungen an das Gerät
- Installationsqualifizierung (IQ) Installation und Überprüfung auf Einhalt der Anforderungen
- Funktionsqualifizierung (OQ) Prüfung Gerätefunktion (z. B. Temperierung, Lichtmessung) auf Erfüllung der Anforderungen
- Leistungsqualifizierung (PQ) Prüfung, ob Gerät auch unter Routine-Bedingungen (z. B. hohe Messfrequenz, reale Proben) die Anforderungen erfüllt

Wichtig ist, dass die Aktivitäten gut dokumentiert werden, es also nachvollziehbar ist, was, wann, wo, wie und durch wen gemacht wurde. Jeder Schritt dieser Prozedur wird dokumentiert, geprüft und genehmigt. Ein wichtiger Aspekt, dass hier nicht nur das Personal der Qualitätskontrolle, sondern auch z. B. das Personal der Qualitätssicherung beteiligt ist. Dieses schaut vor allem darauf, dass alles mit „rechten Dingen" zugeht, d. h. auf die Einhaltung der Vorgaben.

Es ist nicht die Regel, aber es kann auch durchaus passieren, dass eine **Qualifizierung** fehlschlägt. Das bedingt die Natur der verschiedensten und teils hochkomplexen Laborgeräte. Das Problem kann die Technik des Laborgeräts selbst sein, aber auch Stöße oder Transportschäden, die z. B. bei einem Gerät mit einem sensiblen Detektorsystem für Lichtstrahlen die korrekte Justierung verstellen können. Nehmen wir eine Maschine zur Durchführung einer PCR. Nehmen wir weiter an, wir haben in unseren Qualifizierungsunterlagen die Anforderungen festgelegt, dass die Blocktemperatur (also der Bereich, in dem die Reaktionsgefäße eingestellt werden), maximal eine Abweichung von 0,5 °C aufweisen darf. Sofern sich bei der Überprüfung der Temperatur während der Qualifizierung herausstellt, dass eine große Abweichung von der Soll-Temperatur (z. B. 68 °C anstatt 70 °C) vorliegt, ist die Qualifizierung nicht erfolgreich. In diesem Fall muss entweder ein Techniker des Lieferanten dieses Geräts anrücken, um den Defekt zu beheben oder das Gerät geht wieder an den Lieferanten zurück, da es die **Qualitätsanforderungen** nicht erfüllt. Die Qualifizierung stellt also sicher, dass die Laborgeräte in einem einwandfreien Zustand sind und zuverlässig ihre Aufgabe erfüllen.

Das nächste ist die Methode selbst. Analytische Methoden für die Prüfung von Impfstoffen müssen validiert sein. **Validierung** bedeutet, dass durch geeignete Analysen der Nachweis erbracht wird, dass den erzielten Ergebnissen vertraut werden kann. Die Unterscheidung zwischen Qualifizierung und Validierung ist eher formaler Natur, konkrete Einheiten werden qualifiziert, Prozesse werden validiert. Eine Methode ist ein Prozess, der aus einer Abfolge von verschiedenen Arbeitsschritten besteht und gewöhnlich unter Verwendung eines oder mehrere Laborgeräte erfolgt.

Die Kernelemente einer **Methodenvalidierung** werden hier auch nicht aus dem luftleeren Raum gegriffen und selbst zusammengeschustert. Es gibt auch hier Richtlinien, wie eine Methodenvalidierung zu erfolgen hat. Für bestimmte, lang bewährte Methoden gibt es **Arzneibuchmonographien,** die zumindest die Tests beschreiben. Im Allgemeinen gibt es internationale Richtlinien, genannt ICH (mit dem furchtbar langen englischen Namen „International Conference on the Harmonization of technical requirements for medicinal products for human use“) (ICH 2005). Diese geben sehr griffige Empfehlungen für die Tests, die durchgeführt werden müssen, um die Zuverlässigkeit (**Validität**) der Methode nachzuweisen.

4 Freigabeprüfung eines Impfstoffs

4.1 Allgemeine Übersicht

Nachdem eine Impfstoffcharge in der Produktion gefertigt wurde, kann die Überprüfung dieser Charge erfolgen. Dies wird **Endproduktprüfung** oder **Freigabeprüfung** genannt. Während bei Ausgangsstoffen noch chemische Analysemethoden im Vordergrund standen, dominieren bei Prüfungen von Impfstoffen die bioanalytischen Methoden. Die Frage, was alles geprüft werden muss, leitet sich meist aus einer **Monographie** des Arzneibuchs ab (Ph. Eur. 2020). Diese gibt es für alle möglichen Impfstoffe z. B. Masern, Hepatitis, Diphtherie, Tetanus, Influenza etc. Es gibt auch nicht nur eine Monographie pro Krankheit, sondern für jeden Impfstofftyp eigene Monographien. Zum Beispiel gibt es mehrere Arzneibuch-Monographien für Influenza-Impfstoffe, jeweils für Lebendimpfstoffe (abgeschwächte vermehrungsfähige Viren), Inaktivat-Impfstoffe („abgetötete" Viren) und so weiter.

Diese **Monographie** gilt dann für alle Hersteller, die in Europa Impfstoffe vertreiben wollen. Die Monographie bildet sozusagen das minimale Grundgerüst für die Prüfungen einer Impfstoffcharge. Auf Basis der Arzneibuch-Monographie wurde durch den Hersteller während der Produktentwicklung eine Liste von analytischen Prüfungen erstellt, die für die Endproduktprüfung vorgesehen sind. Diese Liste ist ebenfalls eine **Spezifikation,** und zwar die Spezifikation für das Endprodukt. Diese enthält neben den Prüfmethoden auch die Kriterien (Wertebereiche), die erreicht werden müssen. Sofern dieser Testkatalog durch die Zulassungsbehörden akzeptiert wird, gilt dies in der Folge für jede produzierte Charge des Impfstoffs.

Dies gilt natürlich nicht für Impfstoffe gegen neue Krankheiten. Zum Beispiel ist COVID-19 eine neue virale Infektionskrankheit. Derzeit laufen sehr viele

P. U. B. Vogel, *Qualitätskontrolle von Impfstoffen*, essentials,
https://doi.org/10.1007/978-3-658-31865-9_4

Projekte, alle bekannten Impfstofftechnologien umfassend, um schnellstmöglich über wirksame Impfstoffe zu verfügen (Vogel 2020a). Da dies eine neue Krankheit ist, kann logischerweise noch keine Monographie existieren. Das Arzneibuch verändert sich zudem nur langsam, da es den Anspruch hat, stets korrekt zu sein. D. h. wenn es dann einen oder mehreren Impfstoffen gibt, erfolgt die Festlegung der **analytischen Prüfung** wie oben beschrieben im Rahmen der Zulassung, jedoch dauert es gewöhnlich einige Jahre, bis eine Monographie hierfür erscheint.

Kommen wir jetzt zu den **Endproduktprüfungen** eines Impfstoffs, als Beispiel nehmen wir einen Rotavirus-Lebendimpfstoff. Rotaviren sind Krankheitserreger, die weltweit vorkommen und vor allem bei jungen Kindern starke Durchfallerkrankungen verursachen. Es gibt zum Schutz vor dieser Erkrankung Lebendimpfstoffe, die oral verabreicht werden (siehe Abb. 4.1).

Die eingesetzten analytischen Testmethoden überprüfen jeweils verschiedene Eigenschaften, auch Merkmale oder Qualitätsattribute genannt. Ein wichtiger Aspekt ist der **Gehalt.** Dieser meint die Menge an infektiösen Viruspartikeln im Impfstofffläschchen. Dieser steht für die **Wirksamkeit** des Impfstoffs. Weiter muss die Identität nachgewiesen werden, da man dem Fläschchen (siehe Abb. 4.1) ja nicht ansehen kann, dass sich der Rotavirus-Impfstoff darin befindet. Ein weiterer Aspekt ist die Abwesenheit von **Verunreinigungen.** Hierzu zählen Organismen wie Bakterien, Pilze und auch Viren. Daneben gibt es auch noch nicht-zelluläre Verunreinigungen, die in Impfstoffen vorkommen können. Zum Beispiel wäre da die DNA der Zellen, die für die Herstellung des Impfstoffs verwendet werden. Nach Anreicherung des Impfstoffs folgen Reinigungsschritte zur Entfernung dieser Komponenten, die Reinigung ist aber gewöhnlich nicht

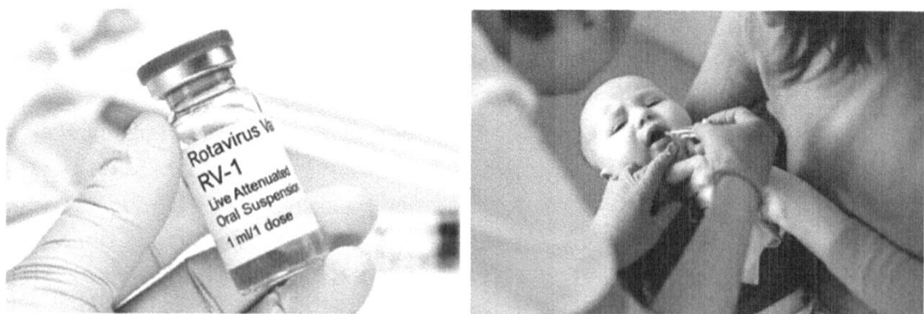

Abb. 4.1 Beispiel für einen Rotavirus-Lebendimpfstoff und die orale Verabreichung an Kleinkinder. (Quelle linkes Bild (Rotavirus-Impfstoff): Adobe Stock, Dateinr.: 119467930; Quelle rechtes Bild (Orale Impfung): Adobe Stock, Dateinr.: 198111038; Beide lizenziert (Standardlizenz) von Patric Vogel)

vollständig, d. h. es liegen geringe Mengen dieser Moleküle vor. Abschließend können noch andere Eigenschaften wichtig sein, wie z. B. das Aussehen des Impfstoffs, der pH-Wert etc. (siehe Abb. 4.2).

Die Gesamtheit der analytisch überprüften Merkmale (**Qualitätsattribute**) erlaubt eine umfassende Bewertung der Qualität jeder hergestellten Impfstoffcharge. Auch hier gilt, dass alles dokumentiert werden muss. Im GMP-Bereich gilt der Grundsatz, dass etwas, was nicht dokumentiert wurde, nicht passiert ist (Patel und Chotai 2011). Die Dokumentation der **Qualitätskontrolle** bildet zusammen mit der Herstelldokumentation und weiteren Aufzeichnungen die sog. **Chargendokumentation.** Diese Dokumentation stellt quasi ein präzises Tagebuch jeder gefertigten Charge dar, deren Entstehung hierdurch durch Dritte nachvollzierbar wird.

Abb. 4.2 Eigenschaften von Impfstoffen, die mit analytischen Methoden überprüft werden müssen. (Quelle: Erstellt von Patric Vogel)

4.2 Gehalt

Ein sehr wichtiger Aspekt von Impfstoffen ist ihre Wirksamkeit, also ihr Vermögen, den Patienten vor einer Erkrankung zu schützen. Die Wirksamkeit ist eine Eigenschaft, die vor Zulassung des Impfstoffs im Rahmen von klinischen Studien nachweisen wird, indem z. B. der Nachweis erbracht wird, dass geimpfte Versuchspersonen besser vor der Erkrankung geschützt sind als nicht-geimpfte Versuchspersonen. Nach Zulassung muss weiterhin für jede Charge der Nachweis erbracht werden, dass sie wirksam ist. Es erfolgen dann aber keine Tests mehr am Menschen. Anstelle dessen misst man den Gehalt der Charge in vitro mittels Labormethoden. In vitro bedeutet, dass es sich um einen Test außerhalb von lebenden Organismen, also quasi im Reagenzglas, handelt. Da es sich bei unserem Rotavirus-Impfstoff um einen viralen Lebendimpfstoff handelt, nutzen wir die sog. **Virustitration** unter Verwendung von Zellkulturen. Den Begriff Titration kennt vielleicht der ein oder andere Leser aus dem chemischen Bereich (Titration von Säuren und Laugen).

Die **Wirksamkeit** und diese **in-vitro-Virustitration** sind aber nicht voneinander unabhängig. In den klinischen Phasen wurde die Dosis des Impfstoffs ermittelt, also die Menge an Virus, die jedem Patienten verabreicht werden muss, um einen Schutz vor der Erkrankung zu erzielen. Die Menge (Dosis) basierte bereits damals auf dieser in-vitro-Virustitration. D. h. das Ergebnis dieser Virustitration ist sozusagen korreliert mit der Wirksamkeit. Anders ausgedrückt, wir messen die Menge an Virus in unserem Impfstoff und können über diesen Wert (z. B. 1 Million Viruspartikel pro ml) ableiten, ob die Charge wirksam sein wird. Und genau das ist ein **Freigabekriterium.** Jede von uns gefertigte Impfstoffcharge muss die minimale Virusmenge enthalten. Nach oben ist man auch nicht frei. Im Rahmen der klinischen Versuche wird auch die maximale Obergrenze festgelegt. Wenn nämlich zu viele Viruspartikel in unserem Impfstoff haben, könnte dies die Patienten schädigen, z. B. in Form von starken Nebenreaktionen. Wir können also festhalten, dass jede Impfstoffcharge gewöhnlich einen Virustiter aufweisen muss, der zwischen einer Ober- und Untergrenze liegt.

Legen wir für unser Beispiel fest, dass die minimale Virusmenge 1 Million (1×10^6) Viruspartikel ist und die Obergrenze 10 Million (1×10^7) Viruspartikel. Eine Charge, deren Virustiter innerhalb dieses Bereichs von $10^6 - 10^7$ liegt, erfüllt das **Freigabekriterien** bezüglich des Gehalts. Legen wir weiter zur Vereinfachung fest, unser Impfstofffläschchen 1 ml Flüssigkeit enthält, die oral verabreicht wird.

Es gibt verschiedene Möglichkeiten, den **Virustiter** bestimmen zu können. Wir entscheiden uns hier für die sog. **PFU-Titration** (die Abk. PFU steht für die englische Bezeichnung plaque-forming units). Dies ist eine Methode, bei der wir jedes einzelne infektiöse Viruspartikel zählen können. Diese Methode ist immer dann einsetzbar, wenn das Virus sichtbare Zellschädigungen verursacht (Lambert et al. 2008), was bei Rotaviren der Fall ist. Da Viren so klein sind, dass man sie selbst mit einem Mikroskop nicht sehen kann, wendet man einen kleinen Trick an, muss also etwas nachhelfen.

Dazu werden z. B. Zellen verwendet, die aus Affen-Nieren isoliert wurden, also unseren Körperzellen ähneln. Diese Zellen sind sehr beliebt, da man sie langfristig im Labor halten kann und sich viele Viren in diesen Zellen vermehren. Als erstes wird ein einschichtiger „Zellrasen" angezüchtet. Dafür werden keimfreie Kunststoffschalen mit kreisförmigen Näpfen verwendet (siehe Abb. 4.3). Im ersten Schritt werden die gelösten Zellen zusammen mit einem Kulturmedium in die Näpfe pipettiert. Die Zellen sinken danach auf die Kunststoffoberfläche und setzen sich auf dieser fest. Sie teilen sich dann bis die gesamte Kunststoffoberfläche mit Zellen übersäht ist, die Zellen also einen „Zellrasen" gebildet haben.

Nun gibt man die Viruslösung auf die Zellen, die infektiösen Viruspartikel infizieren jeweils eine Zelle. Jetzt kommt der Trick. Das Kulturmedium wird

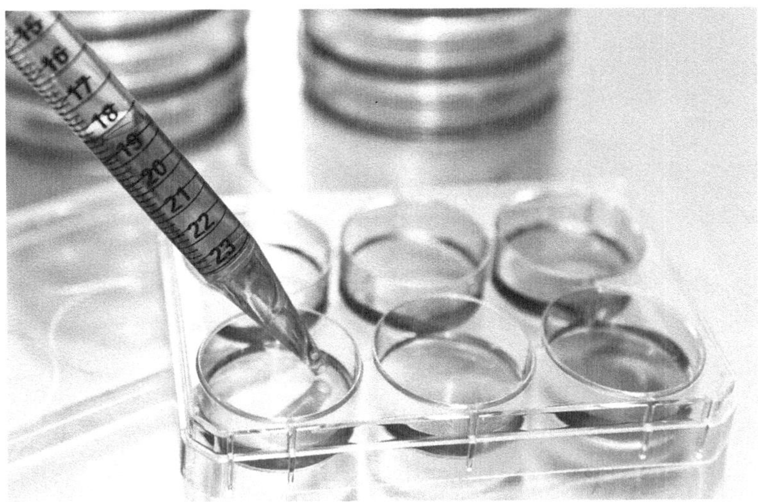

Abb. 4.3 Überführen von gelösten Zellen mit Nährflüssigkeit in die Näpfe einer 6-well-Platte als Vorbereitung der Virustitration. (Quelle: Adobe Stock, Dateinr.: 135134857; Lizenziert (Standardlizenz) von Patric Vogel)

abgenommen und der Zellrasen mit einem geleeartigen Überzug überschichtet. Dieser fixiert die Viren auf einen kleinen Ort. Sofern sie sich in den Zellen vermehren und freigesetzt werden, können sie durch den Überzug nur noch Nachbarzellen infizieren, breiten sich also kreisförmig um die erste infizierte Zelle aus. Dies führt nach einigen Tagen zu einem mit dem bloßen Auge sichtbaren „Plaque", also einem trüben Bereich auf dem Zellrasen, in dem die Zellen zerstört sind. Die Erkennung dieser Bereiche wird zudem verbessert, in dem z. B. die noch lebenden Zellen mit Farbstoffen gefärbt werden. Hierdurch wurde soeben jedes einzelne der winzigen Viruspartikel sichtbar gemacht (Abb. 4.4). Die Plaques werden dann gezählt (Smither et al. 2013).

Bei der Prüfung von Impfstoffen kann die Impfflüssigkeit nicht direkt auf die Zellen geben werden, da sich zu viele Viren (10^6 – 10^7 pro ml) im Fläschchen befinden. Diese hohe Viruskonzentration würde zum Absterben fast aller Zellen im Napf führen. Die zu prüfende Impfstofflösung aus dem Glasfläschchen muss deshalb erst verdünnt werden, z. B. 5 Mal 1:10 (= 100.000-fache Verdünnung). Am Ende der Prüfung wird diese Verdünnung wieder zurückgerechnet, d. h. man

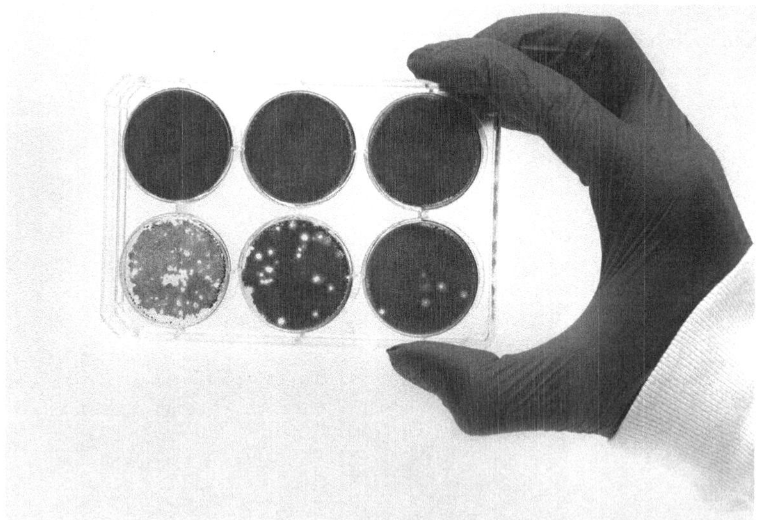

Abb. 4.4 Auswertung einer **PFU-Titration** nachdem die Impflösung auf Zellkulturen gegeben wurde, die Zellen mit halbfestem Medium überschichtet und nach einigen Tagen fixiert und gefärbt wurden. Jeder einzelne Virusplaque (heller kreisförmiger Herd) wurde durch ein einzelnes infektiöses Viruspartikel verursacht. (Quelle: Adobe Stock, Dateinr.: 100331316; Lizenziert (Standardlizenz) von Patric Vogel)

multipliziert die gezählten Plaques (z. B. 10) mit dem Verdünnungsfaktor und kommt so auf den Gehalt ($10 \times 100.000 = 10^6$), also die Menge an Viruspartikeln im Impfstofffläschchen. Dieses Prinzip gilt immer für **PFU-Titrationen,** d. h. man verdünnt, infiziert die Zellen, zählt die Plaques und berechnet den Virustiter unter Berücksichtigung der eingesetzten Verdünnung (Smither et al. 2013). Da der Beispiel-Impfstoff einen Virustiter von mind. 10^6 enthalten muss, würden die Anforderungen erfüllt sein.

4.3 Identität

Die **Identität,** also die Frage, ob es wirklich der Impfstoff ist, der sich in den Fläschchen befindet, ist ebenfalls ein wichtiger Aspekt. Theoretisch sollte das so sein, trotzdem können Fehler passieren. Nehmen wir ein fiktives Beispiel: Wir haben nicht nur einen Rotavirus-Impfstoff, sondern 10 weitere Impfstoffe. Diese lagern alle zusammen in einer großen Gefriertruhe. Zum Start der Produktion wird z. B. ein Fläschchen entnommen und für die Herstellung einer Impfstoffcharge eingesetzt. Diese Entnahme ist ein kritischer Schritt, der im GMP-Betrieb das **4-Augen-Prinzip** notwendig macht, d. h. das darf keine einzelne Person, sondern es muss eine weitere Person anwesend sein. Das vermindert das Fehlerrisiko. Trotzdem könnte es passieren, dass man sich vergreift und bei der Dokumentation einen Fehler macht. Im Endeffekt würde unsere Impfstoffcharge gar nicht den Impfstamm enthalten, den es haben soll. Natürlich ist so ein Fehler äußerst unwahrscheinlich, da auch direkt vor Verwendung kontrolliert wird, was auf dem Etikett steht. Man könnte also davon ausgehen, dass so ein Fehler so wahrscheinlich ist wie ein Sechser im Lotto. Trotzdem muss jede Charge mit einem spezifischen Test auf Identität geprüft werden (Vertrauen ist gut, Kontrolle ist besser).

Eine Möglichkeit ist es, die Identität durch die sog. **Immunfluoreszenz** nachzuweisen. Immunfluoreszenz bedeutet, dass das man den Impfstoff auf Zellkulturen gibt. Nachdem die Zellen infiziert sind, weist man den Impfstamm durch Antikörper nach. Die Antikörper binden spezifisch an das Virus und tragen ein Fluorophor (Abb. 4.5). Zur Signalverstärkung werden häufig weitere Antikörper eingesetzt, das Prinzip bleibt aber ähnlich.

Fluorophore haben die Eigenschaften, dass sie Licht ausstrahlen, wenn sie mit einem bestimmten Licht angeregt werden. Dazu arbeitet man in einem dunklen Raum. Man verwendet spezielle Mikroskope, sog. **Immunfluoreszenz-Mikroskope.** Diese können die Probe (virusinfizierte Zellen) direkt mit Licht einer bestimmten Wellenlänge anstrahlen und den Fluorophor dazu anregen, z. B.

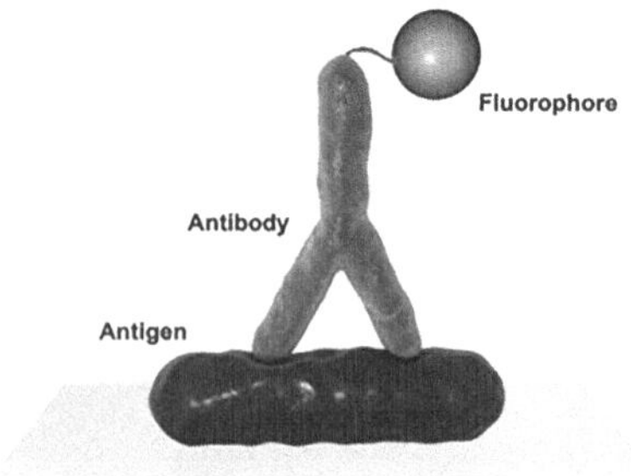

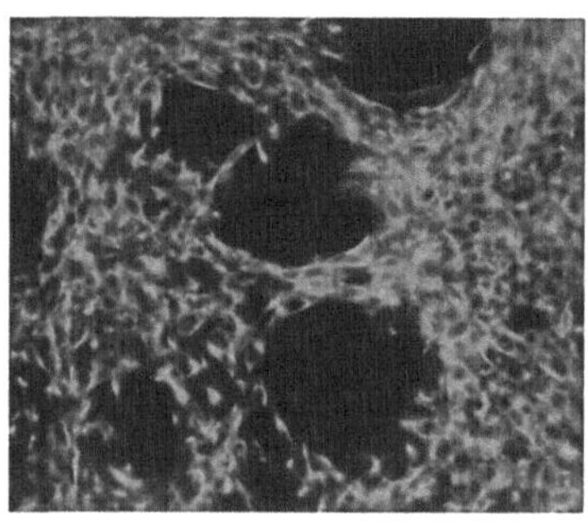

Abb. 4.5 Links: Bindung eines Virusbestandteils durch Antikörper, die an fluoreszierende Moleküle gekoppelt sind; Rechts: Beispiel für Zellfluoreszenz, wenn grüne Fluorophore an Zellbestandteile gebunden sind. (Quelle linkes Bild: Adobe Stock, Dateinr.: 172184611; Quelle rechtes Bild: Adobe Stock, Dateinr.: 6574520; Beide lizenziert (Standardlizenz) von Patric Vogel)

grünes Licht zu erzeugen. Das Resultat ist dann unter dem Mikroskop, dass die virusinfizierten Bereiche stark grün leuchten, während die nicht-infizierten Zellen dunkel erscheinen. Da die Antikörper nur unseren Impfstamm erkennen, ist die Methode spezifisch. Wie beim Gehalt sind aber auch andere Analysemethoden zum Nachweis der Identität möglich. Zum Beispiel könnte auch ein Identitätstest auf Basis der Polymerase-Kettenreaktion (PCR) in Kombination eingesetzt werden (WHO 2007).

4.4 Sterilität/Abwesenheit von Mykoplasmen

Ein besonders wichtiger Aspekt ist die Sterilität, also die Abwesenheit von Bakterien und Pilzen. Bei der Herstellung eines Impfstoffs können Fehler auftreten, die zu einer Kontamination des Produkts mit Bakterien oder Pilzen führen könnten. Das Risiko für diese Kontamination wird durch die Umgebung (Reinraumanlagen, Verwendung von keimfreiem Material, Desinfektion von Oberflächen, Schutzanzüge etc.) weitgehen minimiert, kann aber nie vollständig ausgeschlossen werden. Diese Kontaminationen können dem Patienten schaden, z. B. eine Infektion auslösen, und müssen daher ausgeschlossen werden. Es gibt im Arzneibuch eine Monographie, die sich nur mit der Durchführung dieses Tests widmet. Es werden je nach Anzahl der Fläschchen einer Charge (die sog. Chargengröße) eine bestimmte Anzahl von Fläschchen, z. B. 20 genommen und mittels mikrobiologischer Verfahren untersucht. Die Probenflüssigkeit wird in zwei verschiedene flüssige Nährmedien gegeben und für 14 Tage bei für Mikroorganismen idealen Temperaturen bebrütet und begutachtet. Diese Nährmedien sind bekannt, das Wachstum eines breiten Spektrums von Bakterien und Pilzen zu fördern. Wenn Bakterien oder Pilze wachsen, verursachen sie eine Trübung der Nährlösungen, die mit dem Auge erkennbar ist. Sofern sich keine Mikroorganismen im Impfstoff befinden, bleiben die Nährlösungen klar und der Impfstoff entspricht diesbezüglich der Anforderung.

Ein weiterer Test, für den eine eigene **Monographie** existiert, ist der Test auf **Mykoplasmen.** Mykoplasmen sind einfache Organismen, die Mensch und Tier auf z. B. Schleimhäuten tragen, von denen einige Arten unter bestimmten Bedingungen aber auch Krankheiten verursachen können. Mykoplasmen sind sehr anspruchsvoll und lassen sich leider nicht mit den oben beschriebenen Nährlösungen nachweisen. Sie benötigen spezielle Nährlösungen und besonders viel Zeit, bis sie nachweisbar werden. Der Test auf Mykoplasmen gehört mit ca. 28 Tagen zu den langwierigsten Tests überhaupt. Das ist im Vergleich zu chemischen Analysen von Ausgangsstoffen, die teilweise nur Minuten benötigen fast schon eine „Ewigkeit". Aus der Nährlösung werden in regelmäßigen Abständen von einigen Tagen Proben entnommen und auf Nährböden (festes Medium in Petrischalen) verteilt. Sofern keine Mykoplasma-Kolonien erkannt werden, entspricht die Impfstoffcharge den Anforderungen.

4.5 Abwesenheit von Verunreinigungen/Viren

Ein weiterer Aspekt sind bestimmte Biomoleküle in unserem Impfstoff. Der Impfstoff selbst wird in Zellkulturen hergestellt. Beim Herstellungsprozess wird DNA von diesen Zellen freigesetzt und gelangt trotz Reinigungsschritten in geringen Mengen mit in den fertigen Impfstoff. Je nach verwendeten Zellen kann diese DNA potenziell Erbgut-veränderndes Potenzial haben. Am Endprodukt wird dann überprüft, ob die Rest-Menge an DNA im Impfstoff unter einem Grenzwert liegt. Hier kann z. B. die quantitative PCR zum Einsatz kommen, bei der die Menge von DNA ermittelt werden kann.

Die Prüfung auf externe Agenzien fokussiert vorwiegend auf Viren. Da im Laufe der Herstellung lebende biologische Systeme eingesetzt werden, besteht wie bei bakteriellen Kontaminationen die Gefahr, dass Zwischenprodukte oder das Endprodukt mit anderen Viren kontaminiert ist. Auch dieses Risiko ist gering, trotzdem sind Abschlusstests erforderlich. Für Produkte, die für Menschen eingesetzt werden sollen, gibt es hierzu eine eigene **Monographie** im Arzneibuch. Diese legt recht genau fest, wie die Prüfung zu erfolgen hat. Zum Beispiel wird eine bestimmte Menge des Impfstoffs auf Zellkulturen gegeben, die in der Folge auf virusbedingte Schäden beobachtet werden. Zusätzlich erfolgen spezifische Abschlusstests, die das Vorliegen von bestimmten Viren anzeigen würden. Diese Prüfung kann jedoch auch an Vorstufen erfolgen, also direkt nach der Vermehrung des Impfstoffs auf Zellkulturen, da hier das größte Risiko besteht, dass sich vorhandene kontaminierende Viren vermehren. Alternativ oder ergänzend zur Zellkultur-Prüfung erlangt in den letzten Jahren die PCR eine immer größere Beliebtheit. Hierbei wird die Impfstoff-Charge durch mehrere spezifische PCRs auf Vorhandensein verschiedener Viren geprüft.

5 Abweichungen, Änderungen, nicht spezifikationskonforme Ergebnisse

Bei der täglichen Arbeit können Fälle eintreten, bei denen versehentlich von den Arbeitsanweisungen abgewichen wird. Dies kann überall passieren, von einer falschen Probenahme bei der Beprobung von Ausgangsstoffen, über Fehler bei bestimmten Herstellungsschritten, aber auch im Labor bei der Durchführung der **analytischen Prüfungen.** Im normalen, also nicht-regulierten, Laborbetrieb ist das zwar ärgerlich, da die Wiederholung Zusatzkosten verursacht, jedoch nicht weiter schlimm. Sofern man die falschen Reagenzien zusammengekippt hat, macht man einfach alles noch Mal. Im GMP-Betrieb ist auch das nicht so einfach.

Nehmen wir das Beispiel, dass ein Analyst die falsche Menge einer Substanz zum Ansetzen eines Puffers verwendet. Solche Fehler werden als **Abweichung** bezeichnet. Pharmazeutische Unternehmen haben eigene Qualitätssysteme, um mit Abweichungen umzugehen. Wichtig ist, dass Abweichungen keine Kavaliersdelikte sind, diese können erhebliche Auswirkungen haben. Diese müssen dokumentiert und bezüglich der Auswirkungen auf die Produktqualität und **Patientensicherheit** bewertet werden. Dieses System gehört in Betrieben mit etablierten Qualitätsmanagement-System typischerweise zu den Systemen der **Qualitätssicherung,** die eine weitere Gruppe darstellt, die hierbei eng mit der **Qualitätskontrolle** zusammenarbeitet. Im besten Fall fällt dieser Fehler dem Analysten entweder selbst auf oder einer zweiten Person, da viele Tätigkeiten im GMP-Betrieb im 4-Augen-Prinzip erfolgen. Bleibt der Fehler jedoch unentdeckt, kann sich der Fehler maßgeblich auf das Ergebnis der Analysen auswirken.

Nehmen wir an, dass dieser Puffer für die Gehaltsbestimmung einer Impfstoff-Charge verwendet wird und dass durch diesen Fehler bei der Gehaltsbestimmung ein zu niedriges Ergebnis erzielt wird. Zum Beispiel ein Virusgehalt von 10^5 anstatt der 10^6 PFU/ml unseres Rotavirus-Impfstoffs aus Abschn. 4.2. Die Nicht-Erfüllung der Freigabekriterien nennt man **nicht spezifikationskonformes**

P. U. B. Vogel, *Qualitätskontrolle von Impfstoffen,* essentials,
https://doi.org/10.1007/978-3-658-31865-9_5

Ergebnis (engl. **OOS** von Out-of-Specification). Welche Konsequenzen hat die Bestätigung eines nicht-spezifikationskonformen Ergebnisses? Hierzu bietet der Anhang 16 des EU GMP-Leitfadens einen Passus. Dieser verbietet bei bestätigtem OOS der freigebenden Person, der sog. sachkundigen Person, die Zertifizierung der Charge. Somit würde ein bestätigtes, also echtes, OOS zur Rückweisung der Charge und damit ihrer Vernichtung führen. Dies bedeutet hohe wirtschaftliche Verluste. In unserem Beispiel ist es nur ein Fehler, d. h. die Charge erfüllt alle Anforderungen, jedoch denken wir aufgrund des unerkannten Fehlers, dass die Qualitätsanforderungen nicht erfüllt sind.

Die Ursachen für diese OOS-Resultate können vielfältig sein. Die Aufgabe der Qualitätskontrolle ist es, diese Ergebnisse zu dokumentieren, zu bewerten und mögliche Fehlerursachen zu ermitteln. Hierfür gibt es ein weiteres System, das sog. **OOS-Verfahren.** Der GMP-Leitfaden hat keine konkreten Vorgaben zur Bearbeitung von OOS-Ergebnissen. Im europäischen Raum kommen sehr detaillierte Empfehlungen von der britischen Zulassungsbehörde, genannt MHRA (Medicines and Healthcare products Regulatory Agency). Diese gibt Empfehlungen, wie eine wissenschaftlich begründete OOS-Analyse zu erfolgen hat (MHRA 2017).

Die wichtigste Frage bei einem **OOS-Verfahren** ist die Bestimmung der **Fehlerursache.** In der Praxis ist die Ermittlung der Ursache knifflig, da man zunächst mit einem Ergebnis konfrontiert ist, dass diverse Ursachen haben könnte. Das Produkt könnte wirklich einen Qualitätsmangel aufweisen, bei der Probenahme könnte eine Verwechslung stattgefunden haben, bei der Probenübergabe könnte es zu unerkannten Abweichungen (Dauer, Temperatur) gekommen sein. Daneben sind viele weitere Fehlerquellen denkbar. Aus diesem Grund schaut man sich bei der **OOS-Analyse** zunächst die Dokumentation an und überprüft, ob alles in Übereinstimmung mit der zugrunde liegenden Arbeitsanweisung stattgefunden hat. Hierbei würde die falsche Menge der Substanz, sofern sie dokumentiert wurde, festgestellt werden. Aber auch andere Gründe, z. B. Rechenfehler werden überprüft. Sofern die Analyse unmissverständlich zeigt, dass ein analytischer Fehler vorliegt, wird dies dokumentiert und die Prüfung wiederholt. Wenn eine Ursache ermittelt wurde, versucht man, das erneute Auftreten z. B. durch geeignete Maßnahmen wie Personal-Schulungen oder ähnliches zu verhindern.

Aufpassen muss man vor einer unbegründeten Wiederholung von unliebsamen Prüfergebnissen. Diese können von GMP-Behörden als schwerwiegende **GMP-Mängel** geahndet werden. Die ungenügende Behandlung von OOS-Resultaten ist ein häufiger GMP-Mangel ist, der im Rahmen von Inspektionen festgestellt wird (GMP Navigator 2012). Die unbegründete Wiederholung von

Prüfungen – ein oder mehrfach bis das Ergebnis der Spezifikation entspricht – wird als Testing-into-compliance bezeichnet. Zum Beispiel ist ein Fall bekannt, bei dem ein Hersteller häufiger chromatografische Analysen mehrfach wiederholt hatte, dies aber nicht dokumentierte. Die Inspektoren haben direkt am Gerät die Aufzeichnungen überprüft und im elektronischen Papierkorb mehrere gelöschte Testläufe mit OOS-Ergebnissen entdeckt. In diesen Fällen ist der GMP-Mangel besonders schwerwiegend, da dem Hersteller absichtliches Verhalten, also Betrug, vorgeworfen werden kann. Egal welchen Hintergrund eine Wiederholungsprüfung hat, diese muss sehr gut begründet werden.

Einen weiteren Aspekt stellen Änderungen dar, die im Gegensatz zu Abweichungen geplante Aktivitäten sind. Auch bei Änderungen ist die **Qualitätskontrolle** involviert, sowohl bei Änderungen, die Prozesse (z. B. Analysemethoden) innerhalb der Qualitätskontrolle betreffen, als auch bei anderen qualitätsrelevanten Änderungen (z. B. Wechsel des Lieferanten eines für die Herstellung benötigten Ausgangsstoffes). Auch dieser Bereich, also die Umsetzung von Änderungen, wird über ein eigenes, firmeninternes System, genannt **Änderungskontrolle,** reguliert.

Als Beispiel nehmen wir einen Lieferanten für in der **Qualitätskontrolle** verwendeten Reagenzien, der die Produktion seiner Produkte eingestellt. In diesem Fall muss der Impfstoff-Hersteller auf ein ähnliches Produkt eines anderen Lieferanten umsteigen, um weiterhin die Prüfung durchführen zu können. Änderungen sind immer mit einem gewissen Risiko verbunden. Aus diesem Grund ergibt sich bei Änderungen immer die Frage, ob die Änderung einen Einfluss auf die Ergebnisse haben kann. Sofern die Frage mit ja beantwortet wird, sollte vor Wechsel auf diesen Lieferanten geprüft werden, ob die neuen Reagenzien geeignet sind. Dies wird je nach Ausgestaltung des **Änderungsverfahrens** als Maßnahme definiert. Sofern der vorherige Lieferant in den Zulassungsunterlagen enthalten ist, müsste hier auch eine Änderung der Zulassungsunterlagen beantragt und von den zuständigen Behörden genehmigt werden.

Die Beteiligung der **Qualitätskontrolle** kann auch Beanstandungen von bereits vertriebener Ware betreffen, sofern ein möglicher **Qualitätsmangel** bewertet werden muss. Dies zeigt, dass die Qualitätskontrolle mit allen qualitätsrelevanten Prozessen, von der Lieferung von Ausgangsstoffen, über die Herstellung, Freigabe, Transport, bis zur Anwendung am Menschen oder Tieren eng verflochten ist.

Neben diesen allgemeinen Aufgaben unterliegt die Qualitätskontrolle weiteren allgemeingültigen Vorgaben, z. B. der guten Dokumentationspraxis (EudraLex 2011). Hierbei geht es darum, dass die Dokumentation, ganz gleich um welche

Aktivität es geht, vollständig, lesbar, richtig, eindeutig und nachvollziehbar ist sowie ausreichend lange durch sichere Lagerung verwahrt wird. Diese Anforderungen sind nur allzu verständlich. Obwohl die korrekte Umsetzung dieser Anforderung mit einfachen Mitteln erreicht werden kann, erfordert die schiere Menge an Dokumentation ein hohes Maß an Disziplin. Aus diesem Grund ist es nicht verwunderlich, dass Mängel bei der Dokumentation zu den häufigsten GMP-Mängeln gehören (Vogel 2020b).

Stabilitätsprüfungen 6

6.1 Produktstabilität

Eine wichtige Eigenschaft von Arzneimitteln ist Ihre **Haltbarkeit.** Jedes vertriebene Arzneimittel muss mit einem Verfallsdatum versehen sein. Jeder kennt die Situation, dass man bei Beschwerden im eigenen Arzneimittelfach nach Mitteln kramt, die man bereits vor einiger Zeit eingenommen hat. Der erste Blick geht meist auf die Haltbarkeitsangabe, und das ist genau richtig so. Diese Angabe ist wichtig, da sie Auskunft darüber gibt, bis wann das Arzneimittel noch sicher und wirksam ist. Bei Impfstoffen ist diese Überprüfung für uns i. d. R. nicht relevant, da Impfstoffe beim Arzt gelagert, kontrolliert und appliziert werden.

Wie kommt das pharmazeutische Unternehmen auf diese Angabe? Die **Haltbarkeit** wird im Rahmen der Zulassung des Impfstoffs durch sog. **Stabilitätsstudien** ermittelt. Hierzu werden eine bestimmte Anzahl von Chargen des Produkts produziert und bei den angegebenen Lagerungsbedingungen (z. B. 2 – 8 °C) gelagert. Zu festgelegten Zeitpunkten, z. B. nach 3, 6, 9 Monaten usw. werden jeweils einige Fläschchen entnommen und mittels analytischer Prüfungen, auf bestimmte Eigenschaften untersucht. Der Grund ist, dass bei Lagerung von flüssigen Impfstoffen über die Zeit Verfallprozesse (z. B. durch Oxidation mit Sauerstoff, durch eine Restaktivität bestimmter Enzyme, sog. Proteasen, oder Lichteinstrahlung usw.) auftreten können. Zum Beispiel könnten wichtige Proteine des Impfstoffs so verändert werden, dass sie ihre biologische Funktion verlieren und damit auch weniger immunogen sind, also das Immunsystem nicht mehr ausreichend stimulieren. Dieser Verfallprozess wird auch Denaturierung genannt. Zur Verbesserung der Stabilität werden viele Impfstoffe gefriergetrocknet. Bei dieser **Gefriertrocknung** wird das Wasser herausgezogen und es bleibt eine relative wasserfreie biologische Matrix, ein sog.

P. U. B. Vogel, *Qualitätskontrolle von Impfstoffen*, essentials,
https://doi.org/10.1007/978-3-658-31865-9_6

halbfester Kuchen (Lyophilisat), zurück. Diese Gefriertrocknung trägt dazu bei, die Verfallprozesse aufzuhalten, trotzdem kann man diese nicht völlig stoppen. Dazu können während der Lagerung unerwünschte Nebenprodukte (durch z. B. chemische Prozesse) zunehmen oder die Zusammensetzung des Impfstoffs bleibt nicht stabil, wenn z. B. bei Inaktivat-Impfstoffen sich die Antigene und Ölphase voneinander trennen.

Bei **Stabilitätsstudien** werden gewöhnlich nicht alle im Abschn. 4 genannten Prüfungen durchgeführt, die für die Freigabe wichtig sind. Es werden vorher sog. „stabilitätsdeterminierende Eigenschaften" festgelegt, die zu den Zeitpunkten analytisch überprüft werden. Verschiedene Eigenschaften können stabilitätsdeterminierend sein. Zum Beispiel gehört der Gehalt immer zu den Prüfungen, unabhängig vom Impfstofftyp, da dies ein Maß für die Wirksamkeit des Impfstoffs ist. Auf der anderen Seite ist z. B. die Prüfung auf Abwesenheit von Fremdviren gewöhnlich kein Teil von Stabilitätsstudien, da dies bei Freigabe bestätigt wurde und in einem geschlossenen System nach 3, 6, oder 9 Monaten usw. nicht plötzlich fremde Viren auftauchen können.

Bei Stabilitätsstudien ist nicht entscheidend, dass die oben genannten Verfallprozesse nicht auftreten, diese lassen sich nicht verhindern. Es wird überprüft, wie lange die wichtigen Qualitätsattribute des Impfstoffs trotz dieser schleichenden Verfallprozesse innerhalb der Spezifikation bleiben.

Die Durchführung von **Stabilitätsstudien** ist im GMP-Leitfaden gefordert, aber nicht beschrieben wie dies zu erfolgen hat. Hierfür dienen verschiedene ICH-Richtlinien, die mit Q1 bezeichnet werden. Q steht für Qualitätsrichtlinien. Die 1 steht für das Thema Stabilität, wobei es verschiedene (Q1A – Q1F) Richtlinien gibt, jeweils mit eigenem Scherpunkt. In diesen Richtlinien sind die Anforderungen an Stabilitätsstudien beschrieben, es finden sich z. B. Angaben zu Lagerungstemperaturen, Prüfzeitpunkten (in welchen Intervallen muss man testen), Möglichkeiten zur Reduzierung des Prüfumfangs, aber auch wie die Daten ausgewertet werden sollen. Die analytischen Prüfungen, die für einen bestimmten Impfstoff zu erfolgen haben, sind allerdings nicht festgelegt. Daraus folgt, dass der Hersteller festlegen muss, welche Tests für sein Produkt, also den Impfstoff, stabilitätsdeterminierend sind. Diese Auswahl wird jedoch von den zuständigen Zulassungsbehörden überprüft und genehmigt.

Als Beispiel kommen wir auf Abschn. 4 zu unserem Rotavirus-Impfstoff zurück. Zur Vereinfachung nehmen wir für unser fiktives Beispiel an, der Gehalt (Virustiter) dieses Rotavirus-Impfstoffs wäre das einzige wichtige **Qualitätsattribut.** Wir bleiben, wie in Abschn. 4, bei der Annahme der minimal wirksame Virustiter ist 10^6 PFU/ml, d. h. dieser Wert darf während der angestrebten Haltbarkeitsperiode nicht unterschritten werden. Nun wird an einer ausgewählten Menge an Chargen (gewöhnlich 3, in diesem Fall zur Vereinfachung 1), die **Stabilitätsstudie** durchgeführt. Es wird zu verschiedenen Zeitpunkten der Lagerung der Gehalt der Fläschchen ermittelt und dokumentiert. Die Ergebnisse werden bei Prüfung auf Einhaltung der **Spezifikation** bewertet. Im Anschluss werden die Ergebnisse grafisch dargestellt.

Der Virustiter, also der Wert, der Aufschluss darüber gibt, ob die Charge noch wirksam ist, liegt in allen Fällen nach 48 Monaten über dem minimalen Virustiter von 10^6 PFU/ml (siehe Abb. 6.1). Hieraus könnte man schließen, dass das Produkt mind. 48 Monate stabil ist.

Die genaue Berechnungsformel zur Festlegung der **Laufzeit** unterscheidet sich von Unternehmen zu Unternehmen. Gemäß der Richtlinie ICH Q1E sollte hier ein Konfidenzintervall verwendet werden (ICH 2003). Was bedeutet das? Die Stabilitätsstudie mit einer begrenzten Zahl von Chargen ist nur ein Ausschnitt von vielen möglichen Verläufen. Genauso wie sich die einzelnen Ergebnisse der 3 Chargen ein wenig voneinander unterscheiden werden, würden sich auch weitere Chargen verhalten. D. h. man würde, sofern diese Stabilitätsstudie mit z. B. 30 Chargen erfolgen würde, Chargen sehen, die zum Abschluss einen höheren Virustiter, aber auch einen geringeren Virustiter hätten.

Um statistisch alle Fälle mit einer vorgegebenen Wahrscheinlichkeit abzudecken, dient das Konfidenzintervall der Regressionsgeraden. Dazu wird eine Gerade, die sog. Regressionsgerade, durch die Datenpunkte gelegt, die den durchschnittlichen Verlauf zeigt (gepunktete Linie in Abb. 6.1). Einzelne Datenpunkte werden über der Linie, andere unter der Linie liegen, zeigen also eine gewisse

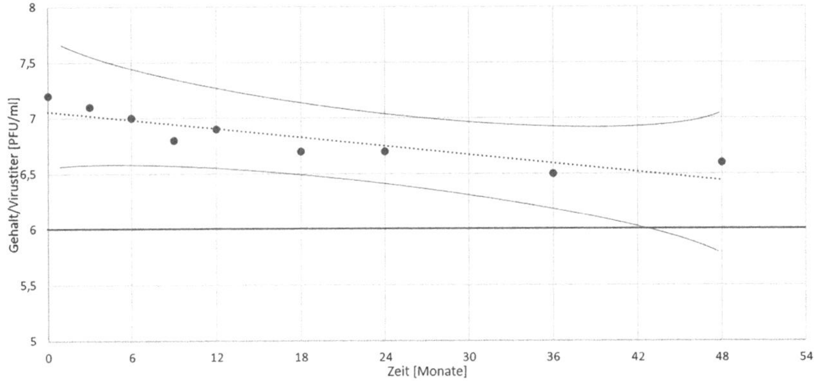

Abb. 6.1 Grafische Darstellung des Stabilitätsverlaufs. (Quelle: Erstellt von Patric Vogel)

Schwankung. Im Anschluss wird um dieser Gerade herum ein Vertrauensbereich, das sog. Konfidenzintervall, berechnet. Das Konfidenzintervall zeigt auf Basis der Anzahl der Daten und der Messunsicherheit den Bereich, der den wahren Stabilitätsverlauf enthält. Dieses Intervall krümmt sich zu Beginn und zum Ende nach außen, da hier weniger Datenpunkte vorliegen, und die Vorhersage unsicherer wird (die Datenpunkte in der Mitte werden durch die vorherigen und anschließenden Datenpunkte abgesichert). Der Schnittpunkt der unteren Grenze des Konfidenzintervalls mit dem minimalen Virustiter wird dann als Haltbarkeit festgelegt. Dieser Wert, z. B. 36 Monate bedeutet mit einer vorgegebenen Sicherheit von z. B. 95 %, dass alle Chargen dieses Produkts (sofern das Produkt unverändert bleibt), diesen Wert erfüllen (ICH 2003).

Impfstoffe haben zum Teil sehr unterschiedliche Haltbarkeiten, von Monaten über viele Jahre. Zum Beispiel hat ein Lebendimpfstoff gegen Grippe in den USA und Europa eine Haltbarkeit von 4,5 Monaten bei 2 – 8 °C (Haber et al. 2014; EMA 2013). Dies hört sich zunächst nicht besorgniserregend an, stellt allerdings den Hersteller vor besondere logistische Herausforderungen. Der Zeitpunkt, an dem die Laufzeit beginnt, ist gewöhnlich das Ende der Herstellung. Hier müssen aber noch zum Teil wochenlange Tests (siehe Abschn. 4) erfolgen, bis die Charge freigegeben werden kann. Zum anderen muss der Impfstoff ausgeliefert werden, zum Teil über Zwischenlager. Dies nimmt weitere Zeit in Anspruch, bis der Impfstoff schließlich in der Arztpraxis ankommt. Dann müssen auch genug Patienten vorhanden sein, damit die Bestände rechtzeitig verbraucht werden können. Dies zeigt die logistischen Probleme und die Gefahr wirtschaftlicher Verluste (da Chargen, die nicht rechtzeitig verimpft werden, vernichtet werden müssen), die mit einer kurzen Haltbarkeit verknüpft sind. Bei einigen Impfstoffen kann man sich Zeit verschaffen, indem z. B. das Endprodukt eingefroren wird, um es weiter zu konservieren, da die Gefrierlagerung gewöhnlich ebenfalls die Verfallprozesse verlangsamt. Diese Option wurde z. B. auch für den oben genannten Influenza-Lebendimpfstoff angewendet (EMA 2013). Eine kurze Haltbarkeit fördert zudem auch Fehler bei der Anwendung. Verschiedene Auswertungen haben gezeigt, dass die Verwendung von Lebendimpfstoffen gegen Grippe nach Ablauf der Haltbarkeit kein seltener Einzelfall ist (Haber et al. 2014; Caspard et al. 2019).

Neben diesen sog. Langzeitstabilitätsstudien unter Normalbedingungen, müssen Hersteller auch zusätzliche Stabilitätsstudien von kürzerer Dauer nachweisen, z. B. sog. Stressstabilitäten. Hierbei wird überprüft, wie sich die Qualität des Impfstoffs unter Stressbedingungen (z. B. höheren Temperaturen) verhalten. Diese stellt zwar nicht den Normalfall dar, hilft aber später bei der Beurteilung von Abweichungen, wenn z. B. beim Transport des Impfstoffs durch starke Außentemperaturen die Ware kurzfristig erhöhten Temperaturen ausgesetzt wird.

Hier muss jeweils beurteilt werden, ob die Ware noch eingesetzt werden kann oder vernichtet werden muss, und hierbei helfen die Stressdaten enorm.

6.2 Fortlaufendes Stabilitätsprogramm

Genauso wie die Freigabe-Prüfung, die nicht nur zur Zulassung, sondern auch nach Zulassung an jeder einzelnen Charge erfolgt, müssen pharmazeutische Unternehmen auch die **Stabilität** des Impfstoffs im wahrsten Sinne des Wortes „im Auge behalten". In Kap. 6 des GMP-Leitfadens ist gefordert, dass für jedes Produkt nach Marktzulassung ein fortlaufendes **Stabilitätsprogramm** durchzuführen ist. Hierbei wird von einer Charge des Produkts pro Jahr eine Stabilitätsstudie durchgeführt. Der Hintergrund ist, dass der pharmazeutische Herstellungsprozess hunderte von Variablen, also möglichen Einflussfaktoren, hat. Das eigentliche Ziel des fortlaufenden Stabilitätsprogramms ist es, die in der Zulassung genannte Haltbarkeit zu bestätigen. Es ist aber zugleich auch eine Absicherung. Zum Beispiel könnte eine geringfügige und unerwartete und daher unerkannte Veränderung der Qualität von Ausgangsstoffen dazu führen, dass sich die Stabilität des Produkts verschlechtert. Dies darf natürlich nicht unerkannt bleiben und ermöglicht bei Eintreten, dem Hersteller und den zuständigen Behörden zügig zu reagieren, um eine Schädigung des Patienten zu verhindern.

Die **Stabilitätsstudien** sind auch häufig ein Grund, warum Firmen von Inspektoren „angezählt" werden. Eine Zusammenfassung der Mängel, die im Rahmen von Inspektionen durch die amerikanische Überwachungsbehörde, der Food and Drug Administration (FDA), festgestellt wurden, hat gezeigt, dass in mehreren Jahren Mängel bei Stabilitätsstudien in jedem fünften sog. Mahnschreiben der Behörde genannt wurde (ECA 2020).

7 Probleme trotz erfolgreicher Qualitätskontrolle – Wie ist das möglich?

Sofern man Revue passieren lässt, wie sehr Impfstoffe reguliert werden und welche Anforderungen erfüllt sein müssen, von allen Ausgangsmaterialien, über die Prüfung von Zwischenstufen bis hin zur Freigabeprüfung des Endprodukts und Stabilitätsstudien, ganz zu schweige von den in diesem Buch nicht besprochenen hochregulierten Abläufen während der Herstellung und dem „wachsamen Auge" der Qualitätssicherung, mag es verwundern, dass trotzdem Fehler und Schäden auftreten können.

Es gibt sogar noch weitere Absicherungen. Die hohen Qualitätsanforderungen von Impfstoffen werden nach Abschluss der Bewertung beim Hersteller im Rahmen von sog. **staatlichen Chargenprüfungen** kontrolliert. Hierbei werden die produzierten Chargen zusätzlich zur Freigabe durch den Hersteller z. B. in Deutschland durch das Paul-Ehrlich-Institut freigegeben (PEI 2019). Dabei führt das PEI, neben der Prüfung der Herstellerdokumentation, als amtliches Arzneimittellabor auch experimentelle Analysen durch. Die staatliche Chargenprüfung war bis vor einigen Jahren, anders als bei anderen Arzneimitteln, bei Impfstoffen für jede einzelne Charge notwendig (Buchheit und Wanko 2014). Hier gibt es allerdings mittlerweile je nach Sachlage und Vertrauenswürdigkeit der Prozesse beim Hersteller auf Entscheidung des PEIs Ausnahmen (PEI 2019). Die Überprüfung durch amtliche Arzneimittellabore führt in Einzelfällen zur Erkennung von Chargen, die nicht spezifikationskonform sind, also bestimmte **Qualitätsmängel** aufweisen. Wie wir oben schon kennengelernt haben, sind die Prüfungen beim Hersteller nie vollständig und absolut. Zum Beispiel ergab eine Auswertung der Prüfungen von Influenza-Impfstoffen im Zeitraum 2006 – 2016, dass durch diese zusätzliche staatliche Chargenprüfung 13 Chargen erkannt wurden, die die Qualitätsanforderungen nicht erfüllten (Kretschmar et al. 2018). Somit wird durch dieses zusätzliche Kontrollorgan die Entdeckungswahrschein-

P. U. B. Vogel, *Qualitätskontrolle von Impfstoffen,* essentials,
https://doi.org/10.1007/978-3-658-31865-9_7

lichkeit von unerkannten Mängeln erhöht, damit diese Produkte gar nicht erst in den Markt gelangen. Aber auch dieses System bietet keine allumfassende Sicherheit.

Grundsätzlich sind Impfstoffe niemals perfekt. Die Verschiedenheit der Individuen, die Impfungen erhalten, mit all ihren unterschiedlichen genetischen Faktoren, Lebensstilen, Ernährung und Vorerkrankungen, Altern und anderen Faktoren kann dazu führen, dass Impfstoffe trotz Übereinstimmungen mit der Zulassung vereinzelt Schaden anrichten. Dabei reichen die Komplikationen je nach Impfstoff von Schmerzen bis hin zu schweren Symptomen. Zum Beispiel verursacht der in Abschn. 4 besprochene Rotavirus-Impfstoff in sehr seltenen, sporadischen Einzelfällen eine sog. Darminvagination (Spencer et al. 2017), die zu Bauchfellentzündungen oder Darmverschluss führen können (DAZ.online 2014). Interessanterweise wurde der weltweit erste zugelassene Rotavirus-Impfstoff aufgrund des Verdachts einer erhöhten Rate von Darminvaginationen wieder vom Markt zurückgezogen. Allerdings sind diese Fälle bei den heutigen Impfstoffen noch viel seltener als bei dem damaligen ersten Impfstoff (Spencer et al. 2017). Diese Effekte sind nicht chargenabhängig, beruhen nicht auf Fehlern während der Herstellung, und können somit im Rahmen der **Freigabe-Prüfung** nicht entdeckt bzw. antizipiert werden.

Es gibt aber auch den Fall, in dem durch weitere wissenschaftliche Untersuchungen die Ursache für diese seltenen **Nebenreaktionen** identifiziert werden. Dieses Wissen ist die Grundlage, um Impfstoffe mit seltenen erheblichen Nebenwirkungen noch sicherer zu machen. Ein Beispiel ist die Polio-Schluckimpfung. Durch Verabreichung dieses Lebendimpfstoffs wird in sehr seltenen Fällen eine Impfstoff-bedingte Poliomyelitis ausgelöst. Diese beruht auf einer Wiedererlangung der Virulenz des abgeschwächten Erregers durch Mutationen. Erst vor einigen Jahren wurde erkannt, dass dies überwiegend durch einen der drei im Impfstoff enthaltenen Virussubtypen verursacht wird. Aus diesem Grund wurde dieser Subtyp auf Empfehlung der Weltgesundheitsorganisation im Jahre 2016 aus dem Impfstoff entfernt (Xiao und Daniell 2017).

Daneben gibt es Fälle, in denen es aufgrund von diversen Fehlern zu **Qualitätsmängeln** kommen kann. Im folgendem werden wir einige Bespiele für Probleme mit Impfstoffen kennenlernen, wobei die Liste nicht vollständig ist.

Ein Beispiel wäre der **Rückruf** zweier Hepatitis A-Impfstoff-Produkte im Jahr 2001. Bei diesen in Fertigspritzen abgefüllten Impfstoff wurde bei Nachuntersuchungen festgestellt, dass der Antigengehalt in einigen Spritzen unter dem Minimum lag. Aus diesem Grund wurden alle im Verkehr befindlichen Chargen der Produkte eigenverantwortlich zurückgerufen (ärzteblatt.de 2001). Systematische Fehler sind z. B. Veränderungen, die sich zum Zeitpunkt X unerkannt in den Herstellungsprozess einschleichen und sich einige Zeit (bis zur Entdeckung) negativ auf die Qualität der Chargen auswirken. Der Fall hatte sogar noch weitreichende Konsequenzen. Aufgrund der Sachlage empfahl der Hersteller, dass Ärzte alle seit 1996 mit diesen Spritzen geimpften Personen auf Impferfolg nachkontrollieren sollten. Als mögliche Fehlerursache wurde Wasserstoffperoxid genannt, das bei der Abfüllung in geringfügigen Mengen in einzelne Spritzen geraten sein soll und somit den Antigengehalt einzelner Spritzen negativ beeinträchtigte (Berufsverband der Kinder- und Jugendärzte e. V. 2001).

Im Jahre 2007 gab es einen Rückruf im amerikanischen Raum von über 1 Million Impfdosen eines bakteriellen Impfstoffs (*Haemophilus influenzae* Typ B) aufgrund einer möglichen **bakteriellen Fremdkontamination** (CDC 2015). Fehler, die die Sterilität eines in den Körper gespritzten Impfstoffs gefährden, können besonders schwerwiegende Konsequenzen (z. B. Blutvergiftung) haben. Eine nachträgliche Untersuchung ergab, dass die Kontamination nur in den Produktionsanlagen gefunden wurde, nicht jedoch im abgefüllten Impfstoff. Weiterhin gab es bei den bereits geimpften Personen keine Infektion durch diesen Fremdkeim (CDC 2015). Hier zeigt sich, dass in einigen Fällen allein ein Verdacht ausreicht, Impfstoffe zurückzurufen und zu vernichten, gemäß dem Prinzip „im Zweifel gegen den Angeklagten". Obwohl diese Aktion für den Hersteller sehr kostspielig war, stand die Patientensicherheit im Vordergrund.

Bezüglich Influenza-Impfstoffen gibt es ähnliche Vorfälle. Ein anderer Fall war der teilweise **Rückruf** von zwei verschiedenen inaktivierten Influenza-Impfstoffen im Jahre 2012. Der Auslöser für diese Rückrufe war eine mögliche Ausflockung in der Ampulle, ohne dass bei den bereits mit den betroffenen Chargen geimpften Personen unübliche Nebenwirkungen beobachtet wurden (Welt 2012). Solche Phänomene können bei Freigabe unerkannt bleiben, da z. B. noch gar nicht vorhanden. Sofern sich während der Lagerung die Flocken bilden, bleibt natürlich die Möglichkeit, dass sich diese visuell erkennbaren Mängel bei **Stabilitätsuntersuchungen** zeigen und eine weitergehende Untersuchung auslösen, die potenziell zu einem solchen Rückruf führen können.

Im Jahre 2010 gab es eine ungewöhnlich hohe Rate von Fieberreaktionen nach Verabreichung eines inaktivierten (sog. Spaltimpfstoff) Influenza-Impfstoffs in Australien. Als mögliche Ursache wurde der Einsatz des bestimmten Reagenzes zur Herstellung des Impfstoffs vermutet, da diese Substanz bereits mit anderen Häufungen von **Impfnebenreaktionen** assoziiert war (Kelly et al. 2011). Trotzdem ist die Ermittlung der genauen Fehlerursache mitunter schwierig, da es hier auf bestimmte molekulare Details bzw. Interaktionen ankommt. Die vom Hersteller untersuchte und als wahrscheinlich deklarierte Ursache für diese Entzündungsreaktion wurde angezweifelt (Li-Kim-Moy und Booy 2016).

Es gibt aber auch Fälle, in denen mit dem Impfstoff in den Fläschchen alles okay ist, aber trotzdem ein Rückruf durchgeführt wird. Ein Beispiel wäre der Rückruf eines Tollwut-Impfstoffs. Der Impfstoff selbst wies keinen **Qualitätsmangel** auf, jedoch enthielten die Verpackungen unsachgemäß positionierte Spritzenkappen der mitgelieferten Lösungsmittelflaschen. Da dies potenziell die Sterilität der Spritze hätte beeinträchtigen können, wurde die betroffenen Charge vorsorglich zurückgerufen (ifap 2019).

Auf der anderen Seite werden durch technologische Fortschritte immer bessere Analysen möglich, die zu einer Verbesserung des Verständnisses der zellulären und molekularen Prozesse von Impfungen führen. Zum Beispiel wurde bei dem zuvor genannten Lebendimpfstoff gegen Grippe, der seit 2003 im Einsatz ist, erst vor einigen Jahre herausgefunden, dass der Impfstoff erhebliche Mengen defekte virale RNA enthält, die sich positiv auf diverse Aspekte wie Abschwächung des Impfvirus und Immunogenität auswirken (Gould et al. 2017).

Trotz den genannten Beispielen muss man festhalten, dass die Auswirkungen von durch Impfstoffe verursachte Komplikationen und Schäden durch die starke Regulierung deutlich unter Kontrolle sind und abgeschwächt werden. Hierzu zählt auch ein **Pharmakovigilanz-System,** dass es Behörden ermöglicht, schnell auf Häufungen von unerwünschten Reaktionen reagieren zu können. Die Anzahl und Schweregrade von Fehlern ist nicht mal annähernd zu vergleichen mit den Auswirkungen von Fehlern in einer Zeit, in der GMP-Regeln und eine staatliche Kontrolle nicht existierten oder erst im Anfang befindlich waren.

8 Zusammenfassung

Die **Qualitätskontrolle** von Impfstoffen ist eine komplexe Aufgabe und eng mit allen qualitätsrelevanten Aspekten der Produkte verwoben. Ihre Aufgaben umfassen u. a. die Festlegung der Anforderungen von Ausgangsstoffen, die Durchführung von analytischen Prüfungen während des Herstellungsprozess, die Überprüfung des Endprodukts und der Stabilität der Produkte, die Analyse von unerwarteten Ergebnissen sowie die Beteiligung an anderen qualitätsrelevanten Prozessen. Wenn man die Qualitätssicherung als Ordnungswächter bezeichnen möchte, der den anderen Gruppen auf die „Finger schaut", dann ist die Qualitätskontrolle sozusagen der „Hans Dampf in allen Gassen".

Die **Qualitätskontrolle** ist damit ein wesentlicher Aspekt, der mit zur Sicherheit von Impfstoffen beiträgt. Wichtigstes Ziel hierbei ist es, die Qualität der produzierten Produkte zu überprüfen und zu bestätigen und, sofern vorhanden, **Qualitätsmängel** zu erkennen, bevor die Produkte am Menschen oder Tieren eingesetzt werden. Die herausragende Bedeutung dieses Punktes wird klar, wenn man sich vor Augen führt, dass Impfstoffe regelmäßig weltweit an gesunden Menschen (vor allem Kindern) und Tieren eingesetzt werden. Aus diesem Grund können die Auswirkungen von Qualitätsmängeln schwerwiegender sein als bei anderen Arzneimitteln, die nur bei Bedarf an einer kleineren Zahl von Patienten eingesetzt werden.

Wenn jetzt jemand das Gefühl bekommt, dass bei der **Qualitätskontrolle** im Routine-Alltag alles nur noch nach „Schema F" geht, es also langweilig wird, weit gefehlt. Bei der Komplexität der Impfstoffherstellung werden häufig Probleme erkannt, die analysiert werden müssen. Zudem sind die Arzneimittel-Vorgaben einem ständigen Wandel unterzogen. Neue wissenschaftliche Erkenntnisse können eine völlig neue Sichtweise auf altbewährte Prozesse geben. Zum Beispiel werden bis heute immer weitere Viren entdeckt, die man vorher gar

P. U. B. Vogel, *Qualitätskontrolle von Impfstoffen*, essentials,
https://doi.org/10.1007/978-3-658-31865-9_8

nicht kannte. Dies kann dazu führen, dass der Nachweis dieser Viren ins Arzneibuch aufgenommen wird. In diesen Fällen müssen die Firmen neue Analysenmethoden etablieren, um weiterhin konform zu sein. Ebenso kann eine bewährte, validierte Methode eines Tages veraltert sein, da schnellere, günstigere oder sensitivere Methoden zur Verfügung stehen. Insgesamt betrifft dieser Wandel alle Bereiche mit dem Ziel, die Herstellung und Prüfung von Arzneimitteln immer transparenter und besser zu machen. Weiterhin können wichtige **Qualitätseigenschaften** von Impfstoffen, die noch vor einigen Jahren im Dunkeln lagen, durch technologische Fortschnitte analysiert werden, was die Basis für Verbesserungen ist, wie das in Abschn. 7 besprochene Beispiel des Poliomyelitis-Impfstoffs.

Was der Leser aus diesem *essential* mitnehmen kann

- Die Qualitätskontrolle von Impfstoffen nimmt eine zentrale Stellung im pharmazeutischen Unternehmen ein
- Jede gefertigte Charge eines zugelassenen Impfstoffs muss eine umfangreiche Überprüfung, bestehend aus zahlreichen analytischen Prüfungen, absolvieren
- Die Qualitätskontrolle kann niemals perfekt sein, ein Restrisiko besteht immer
- Die ständige Verschärfung der Qualitätsanforderungen hat das Ziel die Sicherheit von Impfstoffen stetig zu verbessern

P. U. B. Vogel, *Qualitätskontrolle von Impfstoffen,* essentials,
https://doi.org/10.1007/978-3-658-31865-9

Literatur

ärzteblatt.de (2001) Hepatitis-A-Impfstoff: Rückrufaktion. Dtsch Ärztebl 98:A-3324 / B-2804 / C-2604. https://www.aerzteblatt.de/archiv/29809/Hepatitis-A-Impfstoff-Rueckrufaktion. Zugegriffen am 04.08.2020.

Berufsverband der Kinder- und Jugendärtze e. V. (2001) Hepatitis-A-Impfstoffe Vaqta & Vaqta K pro infantibus zurückgerufen – Nachuntersuchung wichtig. https://www.kinderaerzte-im-netz.de/news-archiv/meldung/article/hepatitis-a-impfstoffe-vaqta-vaqta-k-pro-infantibus-zurueckgerufen-nachuntersuchung-wichtig/. Zugegriffen: 04.08.2020.

Blasius H (2014) Arzneimittelherstellung Mehr als Produktion und Qualitätskontrolle. DAZ.online https://www.deutsche-apotheker-zeitung.de/daz-az/2014/daz-30-2014/arzneimittelherstellung. Zugegriffen: 10.08.2020.

Buchheit KH, Wanko R (2014) The network of official medicines control laboratories. Bundesgesundheitsblatt Gesundheitsforschung Gesundheitsschutz 57:1139–1144; doi: https://doi.org/10.1007/s00103-014-2025-1.

Caspard H, Wise RP, Steffey A et al. (2017) Incidence of live-attenuated influenza vaccine administration beyond expiry date in children and adolescents aged 2-17 years in the UK: a population-based chort study. BMJ Open 7:e016520; doi: https://doi.org/10.1136/bmjopen-2017-016520.

CDC (Center for Disease Control and Prevention) (2014) Global health security: Immunization. https://www.cdc.gov/globalhealth/security/immunization.htm. Zugegriffen: 05 Juli 2020.

CDC (2014) Safety report on recalled Hib vaccines. https://www.cdc.gov/vaccinesafety/concerns/history/hib-recall.html. Zugegriffen: 05.08.2020.

DAZ.online (2014a) Rotavirus-Impfung Erhöhtes Risiko für Darmeinstülpungen. https://www.deutsche-apotheker-zeitung.de/news/artikel/2014/02/19/erhoehtes-risiko-fuer-darmeinstuelpungen. Zugegriffen: 03.08.2020.

ECA (2020) Stability testing program as a common problem in recent FDA warning letters. https://www.gmp-compliance.org/gmp-news/stability-testing-program-as-a-common-problem-in-recent-fda-warning-letters. Zugegriffen: 04.08.2020.

Elroy J (2018) An introduction to analytical instrument qualification & validation – Meeting FDA expectations. https://www.pharmaceuticalonline.com/doc/

P. U. B. Vogel, *Qualitätskontrolle von Impfstoffen,* essentials,
https://doi.org/10.1007/978-3-658-31865-9

an-introduction-to-analytical-instrument-qualification-validation-meeting-fda-expectations-0001. Zugegriffen: 10.08.2020.

EMA (2013) Assessment report Fluenz Tetra. EMA/586629/2013. Online: https://www.ema.europa.eu/en/documents/assessment-report/fluenz-tetra-epar-public-assessment-report_en.pdf?fbclid=IwAR3gv8rmapoB80OZi6h1lD7WrHJIT5UYYtRi2bW7cX1MzI0jil2wGSzZxPw. Zugegriffen am 04.08.2020.

EudraLex (2011) Volume 4 – Good Manufacturing Practice (GMP) guidelines Part I, chapter 4: Documentation. https://ec.europa.eu/health/sites/health/files/files/eudralex/vol-4/2014-11_vol4_chapter_6.pdf. Zugegriffen: 12.08.2020.

EudraLex (2014) Volume 4 – Good Manufacturing Practice (GMP) guidelines Part I, chapter 6: Quality control. https://ec.europa.eu/health/sites/health/files/files/eudralex/vol-4/2014-11_vol4_chapter_6.pdf. Zugegriffen: 15.08.2020.

Ph. Eur. (2020) European Pharmakopoeia 10th edition. https://www.edqm.eu/en/european-pharmacopoeia-ph-eur-10th-edition. Zugegriffen: 16.08.2020.

GMP Navigator (2012) Unsachgemäßer Umgang mit OOS-Ergebnissen in 10 FDA Warning Letters 2011. https://www.gmp-navigator.com/gmp-news/unsachgemaesser-umgang-mit-oos-ergebnissen-in-10-fda-warning-letters-2011. Zugegriffen: 11.08.2020.

GMP Navigator (2017) Was macht ein GMP-/FDA-gerechtes Analysenzertifikat (CoA) aus? https://www.gmp-navigator.com/gmp-news/was-macht-ein-gmp-fda-gerechtes-analysenzertifikat-coa-aus. Zugegriffen: 08.08.2020.

Gould PS, Easton AJ, Dimmock NJ (2017) Live attenuated influenza vaccine contains substantial and unexpected amounts of defective viral genomic RNA. Viruses 9:269; doi: https://doi.org/10.3390/v9100269.

Haber P, Schembri CP, Lewis P et al. (2014) Notes from the field: reports of expired live attenuated influenza vaccine being administered – United States, 2007–2014. MMWR Morb Mortal Wkly Rep 63:773.

ICH (2005) Validation of analytical procedures: text and methodology. Q2(R1). https://database.ich.org/sites/default/files/Q2%28R1%29%20Guideline.pdf. Zugegriffen: 05.08.22020.

ICH (2003) Evaluation for stability data Q1E. https://database.ich.org/sites/default/files/Q1E%20Guideline.pdf. Zugegriffen: 13.08.2020.

ifap (2019) Meldung AMK – Chargenrückruf Tollwut-Impfstoff. https://www.ifap.de/arzneimitteltherapiesicherheit/live-ticker-amts-nachrichten/artikel/article/meldung-amk-chargenrueckruf-tollwut-impfstoff/. Zugegriffen: 05.08.2020.

Kelly HA, Skowronski DM, De Serres G, Effler PV (2011) Adverse events associated with 2010 CSL and other inactivated influenza vaccines. Med J Aust 195:318–320; doi: https://doi.org/10.5694/mja11.10941.

Kretzschmar E, Muckenfuss H, Pfleiderer M (2018) Official batch control of influenza vaccines: is it still useful? Vaccine 36:2364–2370; doi: https://doi.org/10.1016/j.vaccine.2018.02.078.

Lambert F, Jacomy H, Marceau G, Talbot PJ (2008) Titration of human coronaviruses, HCoV-229E and HCoV-OC43, by an indirect immunoperioxidase assay. Methods Mol Biol 454:93–102; doi: https://doi.org/10.1007/978-1-59745-181-9_8.

Li-Kim-Moy J, Booy R (2016) The manufacturing process should remain the focus for severe febrile reactions in children administered an Australian inactivated influenza vaccine during 2010. Influenza Other Respir Viruses 10:9–13; doi: https://doi.org/10.1111/irv.12337.

MHRA (2017) Out of Specification & Out of Trend investigations. https://www.gov.uk/government/publications/out-of-specification-investigations. Zugegriffen: 12.08.2020.

Miller ER, Moro PL, Cano M, Shimabukuro TT (2015) Deaths following vaccination: what does the evidence show? Vaccine 33:3288-3292; doi: https://doi.org/10.1016/j.vaccine.2015.05.023.

Patel KT, Chotai NP (2011) Documentation and records: Harmonized GMP requirements. J Young Pharm 3:138–150; doi: https://doi.org/10.4103/0975-1483.80303.

Pfleiderer M, Wichmann O (2015) Von der Zulassung von Impfstoffen zur Empfehlung durch die Ständige Impfkommission in Deutschland. Bundesgesundheitsbl 08.01.2015; doi: https://doi.org/10.1007/s00103-014-2109-y.

PEI (2019) Chargenprüfung Human. Online: https://www.pei.de/DE/regulation/chargenpruefung-human/cp-hum-node.html. Zugegriffen: 04.08.2020.

Poveda C, Biter AB, Bottazzi ME et al. (2019) Establishing preferred product characterization for the evaluation of RNA vaccine antigens. Vaccines (Basel) 7:131; doi: https://doi.org/10.3390/vaccines7040131.

Sánchez-Sampedro L, Perdiguero B, Mejías-Pérez E et al. (2015) The evolution of poxvirus vaccines. Viruses 7:1726–1803; doi: https://doi.org/10.3390/v7041726.

Smither SJ, Lear-Rooney C, Biggins J, Pettitt J, Lever MS et al. (2013) Comparison of the plaque assay and 50 % tissue culture infectious dose assay as methods for measuring filovirus infectivity. J Virol Methods 193:565–571; doi: https://doi.org/10.1016/j.jviromet.2013.05.015.

Spencer JP, Trondsen Pawlowski RH, Thomas S (2017) Vaccine adverse events: separating myth from reality. Am Fam Physician 95:786–794.

Vogel PUB (2020a) COVID-19: Suche nach einem Impfstoff. Wiesbaden: Springer VS.

Vogel PUB (2020b) GMP-documentation – From blank page to GMP-compliance. 1st edition ebook Amazon kindle. ASIN: B088557MFW.

Welt (2012) Behörden wollen Panik unter Patienten verhindern. https://www.welt.de/gesundheit/article110272941/Behoerden-wollen-Panik-unter-Patienten-verhindern.html. Zugegriffen: 04.08.2020.

WHO (2007) Annex 3 guidelines to assure the quality, safety and efficacy of live attenuated rotavirus vaccines (oral). WHO Technical Report Series No 941. https://www.who.int/biologicals/publications/trs/areas/vaccines/rotavirus/Annex%203%20rotavirus%20vaccines.pdf?ua=1. Zugegriffen: 09.08.2020.

Xiao Y, Daniell H (2017) Long-term evaluation of mucosal and systemic immunity and protection conferred by different polio booster vaccines. Vaccine 35:5418–5425; doi: https://doi.org/10.1016/j.vaccine.2016.12.061.